著　　者：文　怡
流程总编：张云鹭
摄 影 师：马　俨
卡通手绘：文大美丽工作室

中信出版集团 · 北京

图书在版编目（CIP）数据

宝宝辅食轻松做 / 文怡著. -- 北京：中信出版社，2017.2
ISBN 978-7-5086-6506-1

Ⅰ. ①宝… Ⅱ. ①文… Ⅲ. ①婴幼儿—食谱 Ⅳ. ①TS972.162

中国版本图书馆CIP数据核字（2017）第012825号

宝宝辅食轻松做

著　　者：文　怡
出版发行：中信出版集团股份有限公司
（北京市朝阳区惠新东街甲4号富盛大厦2座　邮编　100029）
承 印 者：北京利丰雅高长城印刷有限公司

开　　本：889mm×1194mm　1/24　　印　　张：7.25　　字　　数：80千字
版　　次：2017年2月第1版　　印　　次：2017年2月第1次印刷
广告经营许可证：京朝工商广字第8087号
书　　号：ISBN 978-7-5086-6506-1
定　　价：45.00元

自序

自打“升职”当了妈，不知你变了没有？是不是以前老公一天不洗澡，你都嫌弃得不行，但却能抱着自己孩子，闻闻小脚丫儿，亲亲小屁屁，且一天数次？

我记得，在我刚生完孩子的那段时间，光看他熟睡中的脸，就能盯着看上一个钟头不带走神儿的。粗枝大叶的我，30 多年来说话都嘎嘣利落脆的，但是一面对孩子，一开嗓儿，就是柔声细语，听得周围的人一身鸡皮疙瘩，但自己却从来意识不到。

一直觉得，这世界上没有任何东西，能让一个女人产生 180 度全方位的改变，除了——她的孩子。

“懒女人”变勤快妈，“弱女人”变钢铁侠，“暴脾气”在日复一日养孩子的过程中，一准儿被磨得完完的，慈母形象的塑造指日可待。

我不知道有多少曾“十指不沾阳春水”的你，现在正拿着这本辅食书认真翻阅，摩拳擦掌地准备给宝宝当“御厨”呢。

从孩子吧唧吧唧张着小嘴儿，开始展开对食物向往的那一刻开始，我知道他要进入一个全新的、真正的世界了。我甚至在喂他第一口辅食时，玻璃心儿地流下了几滴眼泪。因为我觉得，他就算离开我，也能活着了，另一方面，我觉得他没有我，也能活着了。

多么拗口的话，多么矫情的妈啊。

吃辅食开始的那一天，妈妈的母爱就多了一个“渠道”融进宝宝的日常里。

给孩子吃啥不容易过敏？咋做能让营养更全面？时间紧张，怎么能快速地做辅食？甚至给宝宝吃什么东西，屎拉得才好，都是一个妈妈的必修课。

小家伙儿一天天长大，“口粮”也越来越丰富，但新手妈妈们千万别急，因为辅食这东西——真的很简单！本来，它也不应该太复杂。

即使你以前从没进过厨房，什么都不会做，也别发愁，只要当了妈，一旦宝宝要张嘴吃饭了，妈妈都有一股神秘力量的加持，绝对能让自己胜任“大鸟衔食”的重任。

简单、方便、省力、营养、好吃，是我当年给娃做辅食时，最简单的诉求，如果你也是这么想的，那我们可能不谋而合了。

这本书，和我以往的菜谱都不太一样，制作上虽然很简单，都是些泥啊，糊啊，汤啊什么的，但却是我心思花得很多的一本。我的儿子，是这本书的“全程实验狗”。如今他已经 3 岁了，身体健康，能吃能喝，不挑食，这对我来说，真的很好。

我总说我是一个乐观的悲观主义者，我不愿意给他花太多时间做太花哨的、太精致的一日三餐，但我会买我能力范围内最好的食材，简单的加工，尽量做到原汁原味。

我希望他在饮食生活里收获健康，少一些挑剔。有一天，他可能会离开我，也许拎着行李去远方读书，也许背井离乡去外面打工，也许他未来的太太不感兴趣于厨艺，甚至如果万一万一赶上饥荒或战争，他都可以迅速适应环境，好好地活下去。

怎么说着说着，就伤感起来了呢？好吧，我就是这么矫情。

这本书，只想跟新妈妈们分享一些省时省力的简单辅食。生活节奏如此之快的现在，我觉得简单很重要，因为带孩子真的很辛苦，所以，妈妈们，咱们轻松上路吧。

如果说还有什么私心的话，那么就是这本书，记录了我儿子从“无齿之徒”到“上蹿下跳”那段岁月的吃食儿，等他大了，等我老了，是我的一个美好回忆吧。

它，是我养育孩子的一本纪念册，或许也是你母爱的接力棒。新妈妈们，加油吧，祝福我们的孩子都能健康、平安、快乐地长大！

肉包儿妈妈

初次品尝，我的手艺你还满意吗

6—7个月泥糊状辅食

Part 2

不知不觉长大了，来点儿新的变化吧

8—9个月小颗粒辅食

既是妈妈，又升级为万人迷小厨娘

10—12个月大颗粒辅食

Part 4

饭量变大了，嘴也变刁了

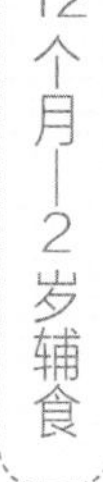

Part 5

宝宝的成长需要营养搭配

汤和饮料

附录

Part 1

初次品尝，我的手艺你还满意吗

泥糊状辅食

红薯紫薯山药泥

6-7 个月

用料

- 红薯 1 个
- 紫薯 1 个
- 山药 1 段

做法

1. 1 山药、红薯、紫薯分别洗净去皮，切成 1cm 厚的片。
2. 2 把切好的红薯、紫薯、山药放入蒸锅中。
3. 盖上锅盖，大火烧开上汽后改中小火蒸 10 分钟，打开用筷子分别扎一下，能轻松扎透就表明蒸好了。
4. 3 蒸好的红薯、紫薯、山药分别碾压成泥即可。

Let's go!

1

2

3

超级罗嗦

♡ 红薯、紫薯、山药泥在宝宝 6 个月以后就可以开始吃。这道菜做法简单，蒸熟碾碎即可，口感也很好。开始尝试的时候，可以先尝试单一的品种，比如先红薯，后紫薯，然后再吃山药，和米粉拌在一起给宝宝吃。

♡ 等宝宝大一点儿，可以把三种泥做成花型给宝宝当小加餐吃，好看又很健康。

超级罗嗦

这个混合泥6个月以上的宝宝就可以吃，不过要先尝试单一口味的泥，如果宝宝把这几种单一食材都试过了且没有过敏现象，就可以尝试这种混合泥了。

这个菜泥的组合口感清甜，一般宝宝都会喜欢吃。而且加了苹果和娃娃菜，可以适当调理肠胃。如果宝宝这几天臭臭不太好，或者好几天没便便了，可以试试这个泥哟。

苹果我用的是口感比较面甜的花牛苹果，你也可以变换品种，比如蛇果、红富士，或者有点酸甜口儿的黄元帅，选宝宝平时常吃的也是可以的。

如果你家有辅食机，可以直接用辅食机做，我做的时候是把生苹果直接打

泥糊状辅食

胡萝卜娃娃菜苹果泥

6—7个月

用料

○ 娃娃菜1棵
○ 胡萝卜1根
○ 花牛苹果1个

超级啰唆

成泥，虽然会有些氧化，但是我觉得味道会比熟了再打好吃一点儿。

♡ 根据你家料理机或者料理棒的功率来选择食材切块的大小，如果不好打，可以在煮好之后用刀切小了再打碎，但是不要先切再煮，那样营养会流失比较多。

♡ 不管用什么机器，食材做少了都不好打碎，所以宝宝一次吃不了的部分，我们可以冷冻保存，但是最好在一个星期之内吃完。

做法

1 [1]娃娃菜冲洗一下，用淡盐水或者小苏打水浸泡一会儿后捞出来冲干净；胡萝卜去皮切片，苹果去皮切小块。

2 [2]锅中烧水，水开后放入胡萝卜，[3]煮5分钟后放入娃娃菜，再煮2分钟左右，煮到胡萝卜和娃娃菜都变软后，捞出沥干水分。

3 [4]把胡萝卜、娃娃菜、苹果混合在一起打成泥即可。

4 [5]留出给宝宝吃的部分，剩下的可以装到冰格里冷冻保存。

Let's go!

1

2

3

4

5

泥糊状辅食

蓝莓山药泥

6-7 个月

用料

- 蓝莓 20 颗
- 山药 1 小段

做法

1 蓝莓洗净，用淡盐水浸泡一会儿。1 戴手套将山药去皮，切薄片。

2 2 切好的山药放入蒸锅中，蒸 15—20 分钟。蒸到山药熟软，拿筷子能轻松扎透。

3 3 蒸熟的山药用研磨碗碾成泥。

4 4 浸泡过的蓝莓用清水冲洗干净，沥干水分，在筛网上研磨并过滤。

5 5 过滤出的蓝莓泥和山药泥混合均匀就可以给宝宝吃了。

Let's go!

1

2

3

4

5

超级罗唆

♡ 这个泥 7 个月以上的宝宝就可以吃，直接吃或者和米粉拌在一起吃都行。

♡ 蓝莓最好带皮一起给宝宝碾碎，这样营养更全面，但是小宝宝吃的时候最好过滤一下。

♡ 直接把蓝莓碾碎给宝宝吃也行，但是有些小宝宝可能接受不了这个味道，加点山药泥或者雪梨泥可以中和一下。

超级啰唆

南瓜和土豆都是宝宝早期辅食很常用的食材。吃过一段时间（大约两周）的米粉，宝宝适应了之后，我们就可以给他蒸一点儿南瓜或者土豆泥，方法好操作，不用工具辅助也能弄细腻，味道也很容易让孩子接受。

米粉和水的比例不像奶粉那样固定，宝宝 6 个月的时候可以调稀一点儿，慢慢大了再调稠，所以一般是根据宝宝的成长状态进行调整。

一般的菜泥最好都是混合着米粉一起喂给宝宝，而且菜泥的量不要多于米粉的量。

泥糊状辅食

南瓜土豆泥米粉

6—7个月

用料

- 南瓜1小块
- 土豆1小块
- 宝宝米粉适量

做法

1. 1 南瓜和土豆去皮切块。
2. 放入辅食机或者蒸锅中，大火蒸10—15分钟。用筷子扎一下土豆块，能扎穿就说明蒸好了。
3. 2 ~ 3 倒入辅食机中，搅打成泥即可。
4. 不用辅食机的话，蒸好之后取出，用勺子或者研磨碗压成泥也可以。
5. 4 小碗内放入温水，加入适量的婴儿米粉，搅拌至没有颗粒。
6. 5 把南瓜土豆泥和米粉混合就可以喂宝宝了。

超级啰嗦

♡ 南瓜和土豆都是比较经典的辅食食材，也可以和其他食材搭配给宝宝吃。南瓜和土豆的组合不会很甜，可以防止宝宝偏食，只爱吃甜的东西。

♡ 用辅食机做最早期的辅食会比较方便，不过使用时间不太长，我本人并不建议购买，除非你有下家可以赠送哟。如果没有的话，用蒸锅蒸，再用勺子、研磨碗碾碎也可以。

Let's go!

1

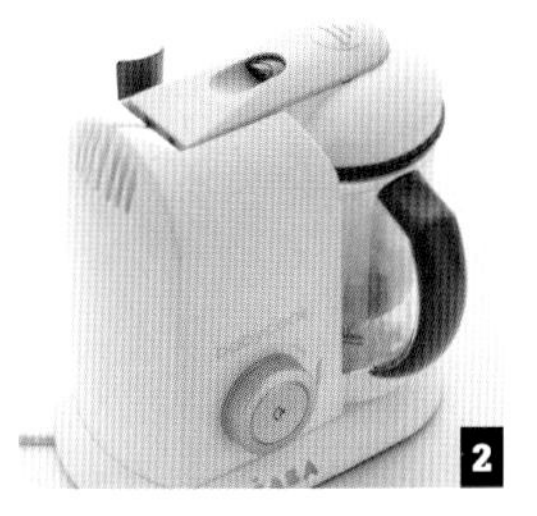

2

3

4

5

泥糊状辅食

苹果牛油果泥

6–7 个月

用料

○ 苹果半个

○ 牛油果半个

这个果泥 6 个月以上的宝宝就可以吃，先单独给宝宝吃这两种水果，宝宝吃 3 天不过敏的话，再混合到一起吃。

牛油果单吃的味道可能有点儿腻，有的宝宝不太喜欢，但它的营养很丰富。把它和苹果、香蕉这类常见的水果混合在一起，会更香甜好吃，孩子也比较容易接受。

挑选牛油果时，如果是买来就准备给宝宝吃，就选表皮是黑色，摸上去有一点软软的，这样的牛油果是成熟的，可以直接吃。绿色的牛

做法

1 1 牛油果选表皮黑色，摸上去有一点儿软的，对半切开，2 去掉果核之后用勺子刮到研磨碗里，研磨成牛油果泥。

2 3 苹果去皮，去核，对半切开，4 在磨蓉器上磨成苹果泥。

3 5 把苹果泥和牛油果泥拌匀就可以喂给宝宝了。

Let's go!

1

2

3

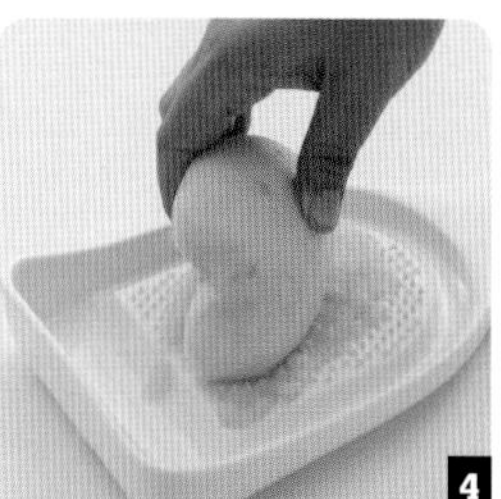
4

5

超级
啰唆

油果，摸起来偏硬，还不太成熟，可以放一个星期左右。

♡ 牛油果如果一次吃不完，可以保存带核儿的那一半，如果怕表面被氧化，可以淋一点儿柠檬汁，然后包好保鲜膜放到冰箱冷藏。但还是建议尽快吃完，或者下次不给宝宝吃了，大人直接做沙拉吃掉。

♡ 可以根据宝宝的喜好选苹果，如果是面的，就直接用勺子刮出果泥和牛油果泥混在一起给孩子吃，如果是脆口的不好刮泥，可以磨成蓉再混合到一起。

♡ 苹果和牛油果的比例根据宝宝的喜好来定，苹果容易氧化，多加一些牛油果颜色会绿绿的更好看，反之多加一些苹果会更甜，妈妈们自己调整吧！宝宝吃的量也要根据月龄调整，第一次别给吃太多，要一点一点添加哟！

超级啰唆

这个西蓝花泥适合6个月以上的宝宝，做的时候只取花冠部分（比较好搅打），剩下的大人可以留着炒菜。

给宝宝准备食物的时候，如果担心食材有农药残留，可以先把菜冲洗一下，用淡盐水或者小苏打水浸泡10—20分钟之后，再洗干净。

六七个月龄的宝宝吃的泥需要细腻一些，用料理棒打的时候选的容器不要太大，最好是平底的，有点深度，打的时候加一点儿水，可以打得更细腻。加水的时候可以一点一点地，根据西蓝花的量来加，打到很细腻，没有颗粒感就可以了。

做西蓝花泥可以用水煮，也可以清洗干净之后用辅食机蒸，然后打碎。

泥糊状辅食

西蓝花泥

6—7个月

用料

○ 西蓝花1个

做法

1 西蓝花掰成小朵，洗净后用淡盐水浸泡10分钟，再用清水冲干净。

2 锅内加水，水开后加入西蓝花，煮大约5分钟，待熟后捞出。

3 将西蓝花放到合适的容器内，加一点点水，用料理棒打成细腻的泥状就可以了。

4 做好的西蓝花泥可以和米粉混合一起喂给宝宝，剩下的可以放在冰格或者保鲜袋里冷冻保存。

超级啰唆

♡ 没有料理棒的话可以煮熟之后用研磨棒，或者勺子碾碎。给小宝宝吃的可以过滤一下，保证成品的细腻，给大宝宝的可以直接剁碎。

♡ 冷冻保存的菜泥最好在一周之内吃完。

♡ 以西蓝花泥为例，宝宝的单一菜泥都可以这样制作，等宝宝把每样食物都尝试3天，不会过敏之后，再给宝宝混合着吃。

Let's go!

1

2

3

泥糊状辅食

小油菜西红柿泥

6—7 个月

用料

- 小油菜 3—4 棵
- 熟西红柿 1 小块

超级啰嗦

这个油菜西红柿泥适合 6 个月以上的宝宝。除了油菜，其他叶菜类的泥糊也可以用这个方法制作，即洗净焯烫再打碎成泥。

给六七个月的宝宝做菜泥，需要打得非常细腻，所以用料理机或者搅拌棒打泥的时候，要加一点点饮用水，不加水搅打的泥会有一些粗糙。

有的宝宝会不喜欢青菜的味道，这时候选择一个宝宝比较爱吃的食物做辅助中和一下，效果还不错。比如肉包儿喜欢吃西红柿，做菜泥

做法

1 小油菜掰开洗净后，用淡盐水浸泡 15 分钟，捞出冲干净。

2 1 锅内烧水，水开后放入小油菜，煮 2 分钟。

3 2 煮好的小油菜，捞出过一下凉开水，然后切成小块。

4 3 切好的小油菜和熟西红柿，加一点点饮用水，一起用料理棒打碎成泥。

5 做好的油菜泥和米粉混合就可以喂给宝宝了。

的时候我会给他放一点点煮熟的西红柿，这样孩子更容易接受，你也可以换成孩子喜欢的其他蔬菜。

♡ 油菜和西红柿的比例大约是2：1，你也可以根据宝宝的口味调整。

♡ 菜泥最好不要单独吃，要拌在米粉里一起喂宝宝，米粉的量要多于菜泥的量。

♡ 做好的菜泥可以放在冰格或者密封袋里冷冻保存，尽量在一周内吃完，有条件的话，现做现吃最好了。

不知不觉长大了，来点儿新的变化吧

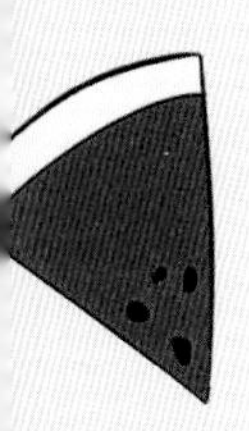

超级啰唆

♡ 这个羊排汤面适合10个月以上的宝宝吃。一岁以内的不要加盐和其他调味品，一岁以上的宝宝可以加一点点盐或者儿童酱油。

♡ 羊排和白萝卜一起炖，既能去腥，又不会太燥热，除了白萝卜，羊排还可以和冬瓜一起炖。

♡ 羊排汤煮出的油会比较多，所以要撇得仔细一点儿。

♡ 煮面的时候加一点儿小油菜可以增加营养，你也可以换成其他的绿叶菜。

♡ 除了给宝宝煮面的部分，剩下的汤可以放到冰格或者保鲜盒冷冻保存。

♡ 爸爸妈妈可以把煮羊排汤剩下的羊排和白萝卜加点儿盐做成成人菜，羊排还可以加盐、孜然、辣椒面烤一烤哟!

小颗粒辅食

白萝卜羊排汤面

8—9个月

用料

- 羊排 300 克
- 白萝卜半根
- 油菜 2 棵
- 姜 3 片
- 小面条一把

做法

1 羊排洗净备用，1 白萝卜削皮切小块。

2 2 锅中烧水，把羊排放入锅中焯烫一下，水开后撇去浮沫，撇的时候搅动一下锅底，让下面的沫也漂上来一起撇掉。

3 3 撇沫结束后放入切好的白萝卜，放入姜片，大火煮开后转小火炖煮一个半小时。

4 羊排汤炖好后，4 把羊排和萝卜捞出。撇掉浮油，留下一部分汤给宝宝煮面，另一部分汤则可以冷冻到冰格里。

5 5 从羊排上拨下一些瘦肉，剁碎，取一两块白萝卜剁碎，小油菜洗净切碎。

6 剩下的羊排汤烧开，6 把面条掰成适合宝宝吃的大小放入汤内，7 煮 3—4 分钟后放入羊肉碎、萝卜碎和油菜碎，再煮 2 分钟就可以了。

Let's go!

1

2

3

4

5

6

7

小颗粒辅食

菠菜蛋黄小米粥

8–9 个月

用料

- 菠菜 2 小棵
- 熟蛋黄 1 个
- 小米粥 1 碗

做法

1 **1** 煮熟的蛋黄过筛碾成泥。

2 菠菜洗净后焯烫一下，**2** 剁成非常碎的碎末。

3 小米粥放入锅中重新煮开，**3** 加入菠菜碎和蛋黄搅匀即可。

超级啰嗦

♡这个粥比较适合8个月以上，已经开始吃蛋黄的宝宝。六七个月的宝宝吃的时候可以不加蛋黄，菠菜也最好加工成细腻的菜泥再吃。

♡菠菜很有营养，但是吃之前一定要用水焯烫一下去除草酸。

♡宝宝到了8个月以后，粥里添加的菜可以不再是细腻的、泥状的了，但是最好还是剁得碎一点儿。

♡蛋黄过筛碾碎可以更细腻，直接碾容易留有蛋黄块儿，卡到宝宝。

♡你也可以用其他的蔬菜代替菠菜。如果是大宝宝，可以吃蛋白了，你也可以直接在粥里甩一个鸡蛋花，还可以加一些肉末或者肉泥。

超级啰唆

这个粥适合8个月以上的宝宝吃。如果是不到1岁的宝宝吃，海苔要选择无盐的，芹菜和鳕鱼的大小，也要根据宝宝的月龄调整。

我用的是配好的芝麻海苔碎，你也可以把家里的海苔用辅食剪剪碎或者撕碎放入粥里，加一点儿熟芝麻或者芝麻粉，味道会更香。

鳕鱼蒸好后最好洗干净手用手碾碎，这样可以防止细小的刺扎到宝宝。

宝宝的粥可以和大人的粥一起煮。粥煮好后，把大人的量盛出来，再添加一些菜碎或者肉碎，就是一顿很好的辅食了。

小颗粒辅食

海苔芹菜鳕鱼粥

8—9个月

用料

- 大米 50 克
- 蒸熟的鳕鱼 1 小块
- 芹菜 1 段
- 芝麻海苔碎 1 小袋

做法

1 大米淘洗干净后，加 10 倍于米量的水熬成粥（大火煮开后转小火煮大约 40 分钟，中间用勺子搅动几次）。

2 煮粥的时候可以把鳕鱼蒸熟（大火上汽后改小火蒸 10 分钟），1 然后晾凉碾碎，芹菜切成碎末。

3 2 锅内留下宝宝一顿喝的粥量，加入鳕鱼和芹菜碎，再煮 5 分钟关火，3 撒入海苔芝麻碎，搅匀晾到温热就可以给宝宝吃了。

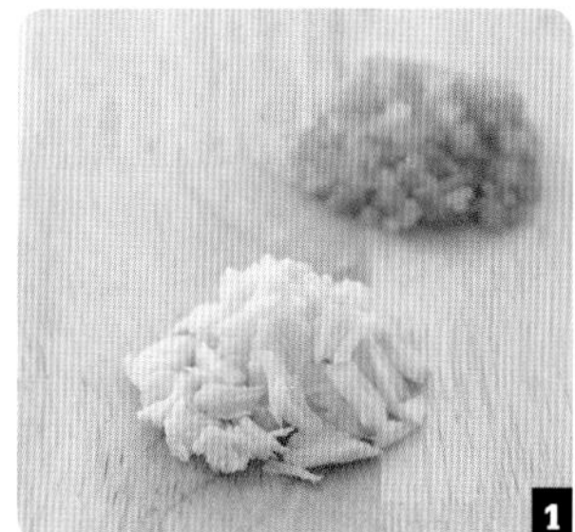

小颗粒辅食

胡萝卜彩椒猪肝泥

8-9 个月

用料

- 猪肝 1 块
- 小胡萝卜 1 根
- 彩椒半个

做法

1 [1] 猪肝洗净后用清水加一汤匙白醋或两片柠檬片浸泡半小时。

2 泡好的猪肝捞出冲洗干净后切成薄片，[2] 放入沸水中焯烫一下，水开后撇去浮沫，撇沫的时候搅动一下锅底，让底下的沫也浮上来撇掉。

3 [3] 焯好水的猪肝捞出后切成小块，胡萝卜去皮切薄片，彩椒切小条。

4 [4] 一起放入辅食机（辅食机按说明加水），启动“蒸”的按键，蒸 10 分钟左右。打开盖用筷子扎一下胡萝卜片，可以轻松扎透就说明蒸好了。

5 [5] 在蒸好的食材中，加入少许饮用水，搅打成细腻的泥状即可。

超级啰嗦

猪肝泥在宝宝 8 个月以后就可以吃了，猪肝可以补铁，防止宝宝贫血。宝宝添加辅食后，除了含铁米粉，还可以一周吃 1—2 次肝泥，猪肝或者鸡肝都可以。鸡肝的做法和猪肝一样，就是成品会比猪肝更细腻一点儿。

猪肝比较腥，所以可以提前用水加白醋或者柠檬片浸泡一下，时间充裕的话，中途可以换几次水。

超级啰唆

♡ 猪肝焯水的时候，可以放几片姜，撇沫的时候一定要多翻动，撇干净，这些都可以更好地去腥。

♡ 单做肝泥腥味比较重，宝宝可能不容易接受，和胡萝卜、彩椒一起做，口感会更好一些。

♡ 如果没有辅食机，可以用蒸锅把胡萝卜和彩椒蒸熟，再和煮熟的猪肝一起用料理机或者搅拌棒搅打成泥，搅打的时候要加少许饮用水，才能打得更细腻。

♡ 做好的猪肝泥如果一次吃不完，可以冷冻到冰格或者保鲜袋中保存，但是最好在两周内吃完。

超级啰嗦

我用的鸡腿肉是煮鸡汤剩下的鸡腿，你也可以直接买鸡腿煮好后做鸡肉泥。

撕鸡肉的时候尽量撕得碎一点儿、小一点儿，这样搅打的时候会比较容易。

搅碎鸡肉泥的时候需要加鸡汤，不然打不细腻，其他肉类做泥也是如此，没有鸡汤用温开水也行，一点点加，直到打到合适的程度。

这个鸡肉泥可以用辅食盒或者冰格保存，也可以像我这样，平铺在密封袋里，薄薄的一层，吃的时候稍微软化一下，掰一块儿就可以，既方便又省事。不过记得要给宝宝买质量好点的食品密封袋哟。

小颗粒辅食

鸡肉泥

8—9个月

用料

- 煮熟的鸡腿 2 个
- 鸡汤 2 汤匙（30ml）

做法

1. 1 煮熟的鸡腿去皮，再将肉撕碎。
2. 2 放入料理机或者合适的容器中用料理棒加少许鸡汤打碎。鸡汤可以分次加，直到鸡肉泥打细腻为止。
3. 3 将做好的鸡肉泥装入食品密封袋，用手拍打成一个薄薄的片，排出空气，封好袋口，放入冰箱冷冻保存。

超级啰嗦

♡ 如果你做的鸡肉泥比较多，没法铺得很薄，这样冻住了掰开就比较困难。你可以在装好之后用筷子给袋子压几条线，让鸡肉泥分隔开，这样每次拿出掰的时候就比较容易了。

♡ 冷冻的鸡肉泥最好在两周之内吃完，煮面条或者煮粥的时候都可以给宝宝放一块进去，虽然已经是熟的鸡肉泥，但是最好还是要和面或者粥一起煮一会儿，让宝宝吃得更放心。

Let's go!

1

2

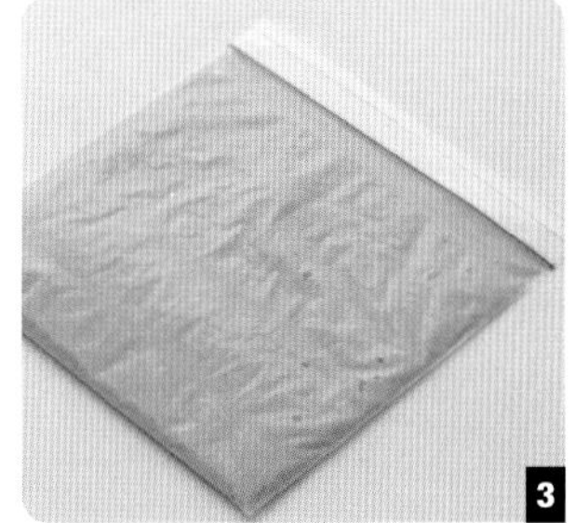
3

小颗粒辅食

鸡肉松

8-9 个月

用料

○ 煮熟的鸡胸肉 2 块

做法

1 1 将煮熟的鸡胸肉撕碎，尽量撕得细一些。

2 把撕好的鸡胸肉装入结实的密封袋中，封住袋口，但不要完全封严，留一个小缝隙排出空气。

3 2 用擀面杖敲敲敲，保证每个部位的鸡肉碎都敲到，尽量把肉敲松散。

4 3 烤盘上铺油布或者不沾油纸，把鸡肉碎倒在烤盘里，4 放入烤箱，150 度烤 5—8 分钟，烤的时候注意观察，烤到有一部分鸡肉碎上色就可以关烤箱了。

5 取出查看一下，如果全都比较干燥了，5 就在晾凉之后装入料理机，打碎成粉末即可。

超级啰唆

♡ 做这个鸡肉松，我用的是给肉包儿炖鸡汤剩下的鸡胸肉。之所以用鸡胸肉，是因为鸡胸肉的纤维比较松散，撕一撕再用擀面杖敲打一下就碎了，操作起来比较简单。

♡ 这个鸡肉松适合 8 个月以上，已经食用鸡肉不过敏的宝宝，做粥或者面条的时候都可以放一点。

♡ 做好之后放到密封的罐子或者孩子不用的奶瓶里都行，自己做的保质期没那么长，尽快吃完，最长别超过一周。

Let's go!

1

2

3

4

5

超级罗嗦

♡ 不用烤箱烤的话也可以用不粘锅炒，不用放油，炒干水分就可以，水分不干的话容易变质。

♡ 烤箱的温度和时间是个参考，具体情况还要根据自己家烤箱的温度来定。温度别定太高，烤大约5分钟后戴着隔热手套取出来翻一翻，再接着烤，烤到一部分鸡肉微黄就可以了。

♡ 如果宝宝的月龄比较大，可以烤出来直接吃。

♡ 一岁以上的宝宝可以加一点点儿童酱油、芝麻调味道和颜色，这样就更好吃了。

♡ 不用煮鸡汤剩下的鸡胸肉的话，就把买来的鸡胸肉切成条，白水加姜片煮熟，然后按照步骤操作就可以了。

♡ 其他肉类或者鱼类的肉松也可以按照这个步骤操作。

超级啰唆

坚果比较容易引起过敏，所以不建议太早添加进宝宝的辅食。一般是 9 个月以后，才少量单一地添加一些。等这几种坚果都试吃过且不过敏后，就可以混合在一起给宝宝吃了。

除了我用到的几种坚果，你也可以做单一的坚果粉或者给宝宝搭配其他，比如杏仁、腰果等。但是一定要注意，前提是宝宝吃过不过敏再混合。

3 岁以前，都不要给宝宝吃花生米、开心果这类形状的食物，因为容易卡到宝宝，甚至引起窒息。所以要给宝宝加工成粉状，在吃面或者喝粥的时候撒一些，既有营养还能让饭更香哟！

我用到的葵花子、南瓜子和黑芝麻都是熟的，所以只炒了核桃和花生。

小颗粒辅食

坚果调味粉

8—9个月

用料

- 核桃仁 6 块
- 葵花子 1 小把
- 南瓜子 1 小把
- 花生 1 小把
- 黑芝麻 1 小把

做法

1. 核桃仁和花生仁分别放入锅中，小火炒到颜色变深，香味飘出。
2. 炒好的核桃仁和花生仁搓掉表皮，掰成小块。
3. 所有坚果混合放入料理机，打碎成粉状即可。

Let's go!

1

2

3

超级啰唆

自己做的时候要注意，用熟的坚果效果会更好，用烤箱烤熟或者用平底锅炒熟都可以。坚果炒到颜色变深，有香味飘出就可以了，千万不要炒煳了。

♡ 核桃如果不去皮的话，口感会比较干涩。除了烤好之后搓掉表皮，你也可以提前用开水泡一下核桃仁，那样也比较好去皮。

♡ 做好的坚果粉放到密封罐及阴凉干燥处，每次吃的时候用干净干燥的勺子盛一点儿，最好在两周内吃完。

小颗粒辅食

三文鱼肉松

8-9 个月

用料

- 三文鱼 200 克
- 柠檬半个

做法

1 三文鱼洗净后切块，摆入盘中，上面摆上切片的柠檬。

2 1 放入蒸锅中蒸 15 分钟，蒸好后扔掉柠檬片，稍微晾凉一些后撕掉鱼皮，去掉鱼刺，2 用手碾碎。

3 3 不粘锅放一点点油，倒入三文鱼碎，小火炒到三文鱼干松，没有水分，颜色变深。大约需要炒 7—8 分钟，一定要全程小火，避免炒煳。

4 4 炒好的三文鱼倒入料理机中打碎。

5 5 打碎的三文鱼再倒入洗净的无水无油的锅中，小火翻炒 2—3 分钟，炒干松即可。

超级罗唆

♡这个三文鱼肉松适合8个月以上的宝宝。一开始尝试的时候可以先试吃一些，不过敏了再继续。做好的鱼肉松拌在粥、米糊或面里都行。

♡鱼肉松的制作要经过两次炒制。第二次炒的时间可以自己控制，但时间不要太长，以免口感过干。

♡三文鱼蒸熟或者煮熟都可以，我觉得蒸熟的更香，蒸的时候放一点柠檬片，可以去腥。

♡用手碾碎是为了确保鱼肉里没有细小的刺。

♡这个鱼肉松大一些的宝宝也可以吃，1岁以上的宝宝可以放一点点盐、芝麻或海苔，味道会更香。

♡三文鱼本身含的油脂比较多，所以炒的时候只需要加一点点油，或者不加油也可以。

超级罗嗦

这个西红柿蛋黄面适合8个月以上的宝宝。建议宝宝长大一些再食用蛋白，防止过敏，所以我做的这个面只用了蛋黄。

给小宝宝煮面的时候，西红柿最好去皮，防止西红柿皮煮不烂卡到宝宝，而且加点水打成西红柿汁，更适合小月龄的宝宝吃。

如果宝宝还小，就要选择无盐的细面，面条要掰得碎一点儿。如果宝宝还不适应，可以在出锅后用研磨碗稍稍碾一下。

你也可以给宝宝放点菜泥，或者把焯好水的菜叶切得非常碎，拌在面条里一起给宝宝吃。

小颗粒辅食

西红柿蛋黄面

8—9个月

用料

- 西红柿 1 个
- 蛋黄 1 个
- 宝宝面条 1 小把

做法

1 1 ~ 2 西红柿洗净后削去皮，切成小块。3 小面条掰成碎粒。

2 4 ~ 5 在切好的西红柿中加入少许饮用水，用料理棒打碎成西红柿水。

3 打好的西红柿水放入锅中，6 烧开后放入小面条，转小火煮 3—5 分钟。

4 7 蛋黄打散，慢慢淋入锅中，边倒边用筷子搅拌，把蛋黄全部打成碎末后，煮 1—2 分钟关火即可。

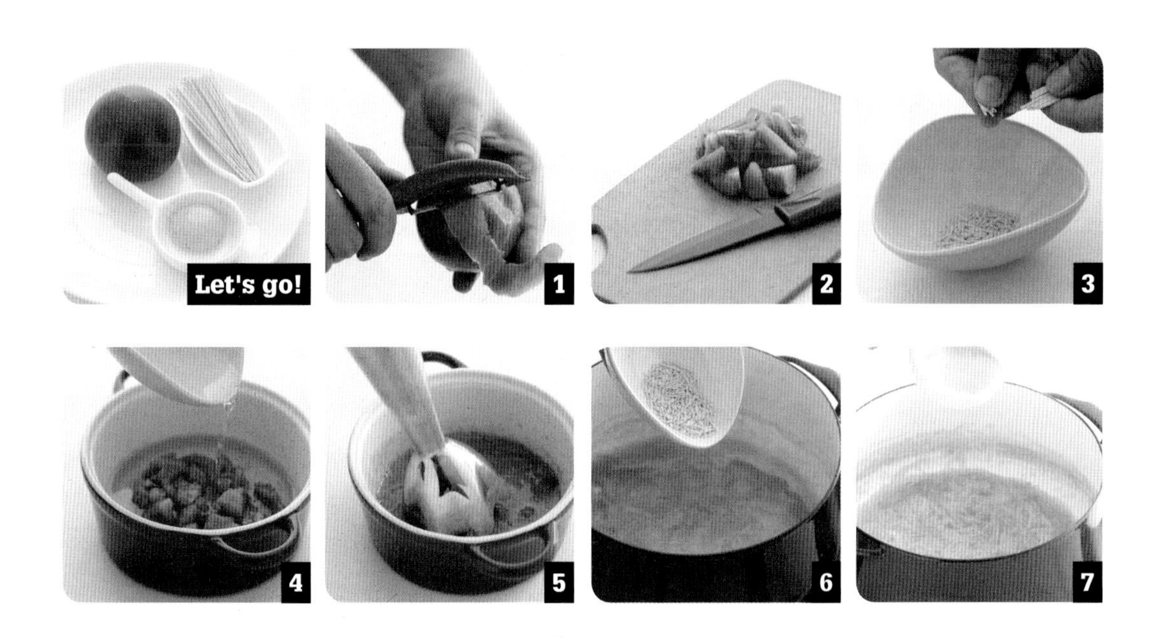

小颗粒辅食

小米粥

8–9 个月

用料

○ 小米 50g
○ 水 500g

做法

1 小米淘洗干净，放入锅中。

2 1 ~ 2 加入 10 倍于小米的水，搅匀，盖上锅盖。

3 3 按下“大米粥”键，等待程序自动煮好即可。

4 如果用普通的锅煮，就是大火煮开后转小火，煮大约 30 分钟，直到黏稠就可以了。

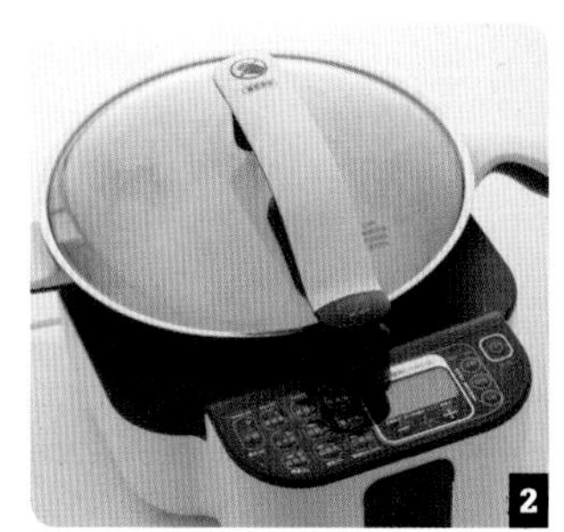

超级啰唆

♡ 小米粥适合7个月以上的宝宝喝。如果觉得颗粒有点硬，可以稍微碾一碾。

♡ 小米粥上面的米油非常有营养，千万别浪费了，要给宝宝盛出来喝掉哟！

♡ 1：10的比例是给6—7个月的宝宝煮粥最常用的比例，想要米汤的可以多加一些水（1：14），月龄大的宝宝可以少加一些水（1：7）。

♡ 除了单纯的小米粥，你还可以加南瓜、红薯、山药、菜泥或者蛋黄一起煮。加点儿大米一起煮，营养也更丰富。

既是妈妈，又升级为万人迷小厨娘

大颗粒辅食

宝宝版罗宋汤

10-12 个月

用料

- 牛肉 50 克
- 香菇 2 朵
- 西红柿 1 个
- 芹菜 2 段
- 圆白菜 1 小块
- 胡萝卜半根

做法

1 牛肉买回来后洗净，切小丁，1 然后用清水浸泡两小时，中间换一次水。

2 2 西红柿、胡萝卜去皮洗净切小丁，香菇、芹菜、圆白菜洗净切小丁。

3 锅内烧水，放入牛肉，3 水开后撇去浮沫。

4 焯好水的牛肉捞出把浮沫冲干净。锅洗干净，放入牛肉、全部配菜和没过菜量一食指指节的水。

5 4 大火煮开后，转小火炖 40 分钟。

6 晾凉后可以盛出一部分汤给宝宝煮面，5 剩下的汤和菜晾凉后用搅拌机或者料理棒打碎。

7 打碎的罗宋汤可以添加到宝宝的饭或者面条里，也可以给宝宝直接喝，或者冻成冰块冷冻保存。

Let's go!

1

2

3

4

5

超级罗嗦

♡ 这个汤适合9个月以上，已经添加了牛肉和这里所用到的蔬菜不过敏的宝宝。这款罗宋汤颗粒比较大，最好打碎一些。

♡ 除了我用到的蔬菜，你也可以根据自己的喜好调换或者添加。这款汤荤素搭配，营养比较丰富，即使不放调味料也很好喝。打碎了给宝宝冷冻起来，做面或者粥的时候都可以添加。

♡ 一岁以上的宝宝可以处理得不那么碎，但是块儿还是要切得小一点儿。更大一些的宝宝就可以直接喝这款汤。

♡ 牛肉通过提前浸泡，能更好地去除血水。焯水的时候要多翻动肉块儿，让血沫浮上来，才能去除得更彻底。

超级罗唆

鸡蛋羹口感软嫩，建议 10 个月以上的宝宝，试过蛋白不过敏之后，再吃这款全蛋的鸡蛋羹，10 个月以前的宝宝可以只用蛋黄蒸。

北极虾和蛋液混合之后会沉到碗底，吃的时候最好先搅匀。

做鸡蛋羹时，液体与鸡蛋的比例大约是 2 ： 1。做之前，最好将鸡蛋提前从冰箱中拿出，放在室温内静置 20 分钟后再用。

想让鸡蛋羹蒸好后更平滑，需要注意 3 点：

1. 调配蛋液的水一定要用凉开水或者温水，不要用生水。如果宝宝一岁以上，也可以用牛奶。

2. 蛋液和水混合好后过筛去掉气泡，如果过滤之后的蛋液仍然有气泡，可以用纸巾吸除。

3. 蒸鸡蛋羹的时候最好用有盖子的容器，或者在容器上盖一层保鲜膜，这样可以防止蒸的时候水汽滴落在蛋羹上，影响蛋羹平滑的“肌肤”和软嫩的口感。

大颗粒辅食

北极虾鸡蛋羹

10–12 个月

用料

- 鸡蛋 1 个（约 55 克）
- 凉开水 100 克
- 北极虾 2 只

做法

1 **1** 北极虾去掉虾头，剥出虾仁，切成很碎的虾碎备用。

2 **2** 鸡蛋放入碗中，用筷子或打蛋器充分打散。

3 **3** 倒入凉白开搅匀。**4** 用筛子过滤一遍，排出蛋液里的空气使得蛋液更细腻，这样蒸出的蛋羹会非常平整。

4 **5** 将北极虾虾碎倒入蛋液中搅拌均匀，再倒入小碗，盖上盖子，或者蒙上一层耐高温的保鲜膜。

5 蒸锅中倒入水烧开，**6** 将装有鸡蛋羹的碗放入，**7** 先用大火蒸 1 分钟，然后转至最小火，蒸 8—10 分钟即可关火。

♡ 蒸鸡蛋羹的时候不能用大火，蒸的时间也要根据盛蛋羹的容器深浅来确定。建议小火蒸到 5 分钟时，打开盖子观察一下，轻轻晃动一下锅子看看它的凝固程度，然后再酌情调整一下时间。蒸的时间不要太久，否则外观和口感都会受影响。

♡ 如果无法判断生熟，也可以用一根牙签扎到鸡蛋羹里，拔出来的牙签表面干净，就是蒸好了。

大颗粒辅食

鸡汤娃娃菜小面条

10-12 个月

用料

- 鸡汤 1 小碗
- 煮熟鸡肉碎 30 克
- 娃娃菜 3 片
- 宝宝小面条 50 克

做法

1 鸡汤倒入小锅中烧开，1 烧水的时候可以将娃娃菜洗净切碎，熟鸡肉碎剁碎或者用手撕碎备用。

2 2 鸡汤烧开后放入掰碎的面条，3 煮两分钟后放入切碎的娃娃菜和鸡肉碎。

3 再煮 5 分钟，关火，盖上盖子稍微焖一会儿，然后盛出晾到温度合适就可以给宝宝吃了。

Let's go!

1

2

3

超级啰嗦

♡ 鸡汤和娃娃菜的组合，吃起来有点甜甜的，肉包儿小时候很喜欢吃。当然，你还可以用其他绿叶菜给宝宝煮面条，或者直接打散一个鸡蛋放进去。

♡ 宝宝面条掰碎的状态可以根据宝宝的月龄来定。

♡ 如果宝宝满一岁了，可以适当加一点点盐或者儿童酱油调味道。

超级罗嗦

这个三文鱼豆腐丸子口感非常软嫩，也没有添加其他调味料，所以 10 个月以上，单独吃过这几种食材不过敏的宝宝都可以吃。如果是给一岁以上的宝宝做，可以添加一点点盐。

如果没有料理机，也可以把三文鱼、胡萝卜和娃娃菜叶尽量切细碎，像馅料的细腻程度，然后和豆腐混合做成丸子。

胡萝卜和娃娃菜叶可以换成其他蔬菜，比如西蓝花、玉米粒，但尽量不要选用水分太多、太硬的食材。

大颗粒辅食

三文鱼豆腐丸子

10-12 个月

用料

- 三文鱼 120 克
- 豆腐 120 克
- 娃娃菜叶 2 片
- 胡萝卜 10 克

做法

1 **1** 三文鱼和豆腐洗净后切小块，娃娃菜、胡萝卜洗净后切小碎粒。

2 **2** 所有切好的食材放入料理机中打成泥。

3 把做好的豆腐鱼泥放在手心，然后握拳，从虎口处挤出丸子。

4 **3** 挤好的丸子放在盘子或者胡萝卜垫片上，放入蒸锅，大火上汽后蒸 12—15 分钟即可。

大颗粒辅食

生菜鲜虾面线

10-12 个月

用料

- 生菜 1 片
- 鲜虾 2 只
- 鸡蛋 1 个
- 面粉 30 克

做法

1. 1鲜虾剥壳切碎，鸡蛋打散，生菜洗净。
2. 2蛋液中加入面粉搅匀，再加入虾泥搅匀。
3. 3混合好的面糊装入裱花袋中，底部剪一个细小的小口。
4. 小奶锅加水，4水开后把面糊挤到锅中，5煮 2 分钟后放入生菜碎，再煮 1 分钟即可。

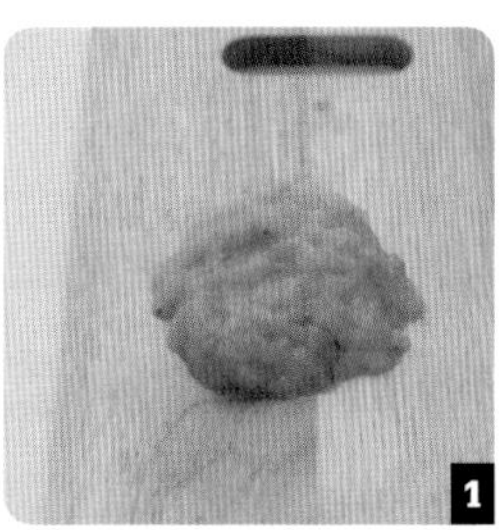

超级罗嗦

♡ 这道生菜鲜虾面线适合 10 个月以上，单独吃过虾和鸡蛋没有过敏的宝宝。

♡ 面线比一般的面条软，好消化，更适合小月龄的宝宝。食材可以变换，换成宝宝吃过的食材也可以。

♡ 面糊不能调得太稠，像摊蛋饼的面糊，可以微微流动的比较好。

♡ 生菜也可以换成其他的绿叶菜。

超级啰唆

这道肉末蔬菜面絮汤适合10个月以上的宝宝喝，1岁以前的不用加盐，1岁之后可以在出锅后加一点点盐或者宝宝酱油。

这个面絮汤和我们平时喝的疙瘩汤类似，但是疙瘩一定要做得薄且小，像薄薄的面絮一样。做的时候可以用勺子盛一勺清水，一点一点地往面里倒，边倒边用细头的筷子快速搅拌，千万别把水一股脑都倒进去。你也可以把水龙头的水开到最小，让它断断续续滴水，然后把碗放在水龙头下面，边接水边快速搅拌。

肉末蔬菜面絮汤

10-12 个月

用料

- 肉末 20 克
- 小白菜半棵
- 蟹味菇 5 朵
- 面粉 30 克

做法

1 1 小白菜和蟹味菇洗净后切碎。

2 锅中倒一点点油，2 放入肉末炒散，3 炒到肉末变色后放入蟹味菇和小白菜。

3 翻炒几下后加入清水，大火煮开后改中火煮 2 分钟。

4 趁这个时间，把清水一点点地加入到面粉中，4 边加边搅拌，直到把面粉全部拌成细小的面粉粒。

5 5 拌好的面粉倒入锅中，用勺子搅散，再煮 3 分钟即可。

大颗粒辅食

五谷蔬菜粥

10-12 个月

用料

- 大米 30 克
- 小米 20 克
- 红豆 30 克
- 黑米 15 克
- 玉米碴 15 克
- 西蓝花 2 小朵
- 胡萝卜 1 小段

做法

1. 1 大米、小米、红豆、黑米和玉米碴淘洗干净，放入锅胆中。
2. 2 按比例加入 10 倍的水。
3. 3 盖上锅盖，4 选择“薏米粥”键。
4. 煮粥的时间，5 可以把西蓝花和胡萝卜洗净切碎。
5. 等到粥快煮好，还剩 25 分钟的时候，打开盖子，6 放入切好的胡萝卜。
6. 再次盖上锅盖，等煮到剩 5 分钟时，7 放入西蓝花碎，搅匀，等待粥自动煮好即可。

1

2

3

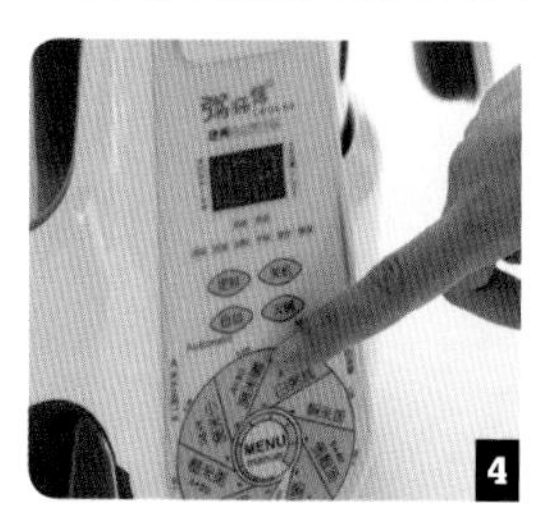

4

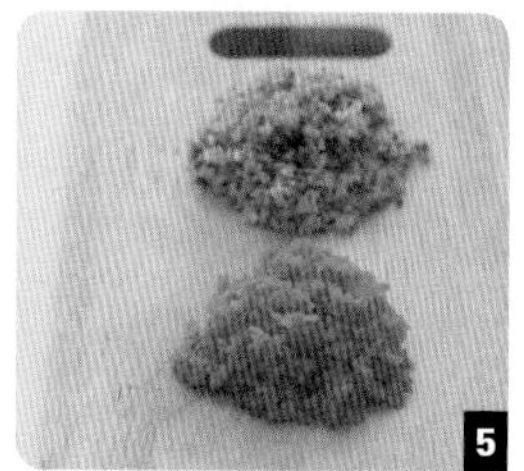
5

6

7

超级啰嗦

♡ 如果你用普通的锅，需要把红豆和黑米提前浸泡两个小时再熬，大概需要熬一个半小时。熬的时候要经常搅动一下，防止粘底。

♡ 这个粥很适合小宝宝吃。1岁以上，单独尝试过这几类米，没有过敏的宝宝都可以喝。各种杂粮混合在一起会更有营养哟。

♡ 胡萝卜要比西蓝花早放一点，西蓝花不用煮太长时间，免得营养流失。妈妈们还可以放其他肉类、鱼类或者其他蔬菜。

超级
啰嗦

这个羹适合10个月以上，已经添加过虾、香菇和豆腐没有过敏的宝宝。嫩豆腐口感滑嫩，适合小一点的宝宝，如果宝宝已经一岁了，用北豆腐也可以。

香菇和虾最好切得碎一点儿。要选用鲜虾现剥的虾仁，别偷懒买现成的哟。

最后勾芡能让羹的口感更浓稠。水淀粉的水和淀粉比例大概是3：1，勾芡时汤要保持滚开的状态，大火勾芡，汤汁浓稠后关火。

大颗粒辅食

虾仁香菇豆腐羹

10-12 个月

用料

- 嫩豆腐 100 克
- 虾仁 5 只
- 鲜香菇 2 个

调料

- 水淀粉 1 汤匙（15ml）

做法

1 **1** 嫩豆腐、虾仁、鲜香菇洗净，分别切碎。

2 锅内烧水，加入香菇和豆腐，**2** 煮 3 分钟后加入虾仁，再煮 2 分钟。

3 加一点点盐，**3** 然后淋入水淀粉，搅匀后关火即可。

♡ 如果是给 1 岁以上的宝宝吃，可以加一点点盐，但其实虾仁和香菇都有鲜味，不加盐也很好吃。给孩子吃的还是尽量清淡比较好。

♡ 如果不勾芡，你也可以直接在羹里添加一些小颗粒面和一些叶菜碎，这样就会很有营养了。

大颗粒辅食

紫薯馒头

10-12 个月

用料

- 面粉 250 克
- 紫薯泥 100 克
- 水 50 克
- 酵母 3 克

做法

1 ❶干酵母温水调匀，❷倒入面粉中，❸再加入紫薯泥，❹揉成光滑的面团。

2 蒙上保鲜膜，放在温暖湿润的地方发酵 40 分钟左右。

3 ❺面发好后，用手指在面团中间戳一下，如果有个深深的洞，且不回缩就发好了。

4 ❻发好的面团取出放到案板上，揉成长条形，切成大小均等的面团。

5 ❼～❽每一个面团在案板上前后推开，再揉起来，这样反复揉几十次，整形成馒头的形状。

6 ❾全部馒头揉好后放到案板上，盖保鲜膜二次发酵 20 分钟，❿发到馒头集体变胖 1.5—2 倍。

7 ⓫将馒头放入蒸锅中（蒸锅下面铺浸湿的屉布），水开上汽后蒸 15 分钟关火，⓬焖 5 分钟再开盖即可。

超级啰唆

这个紫薯馒头适合 10 个月以上，单独吃过紫薯没有过敏的宝宝。如果宝宝月龄还小，家长要把馒头弄成适合宝宝吃的小块，或者用汤泡软再给孩子吃。

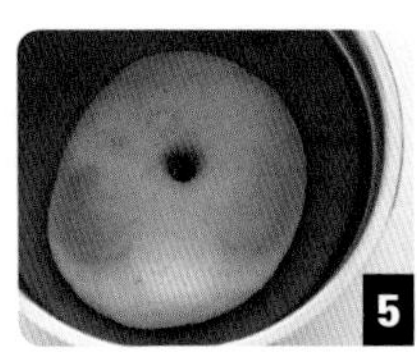

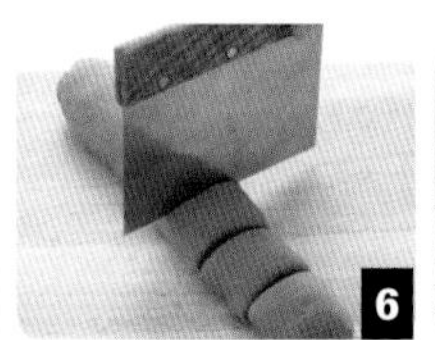

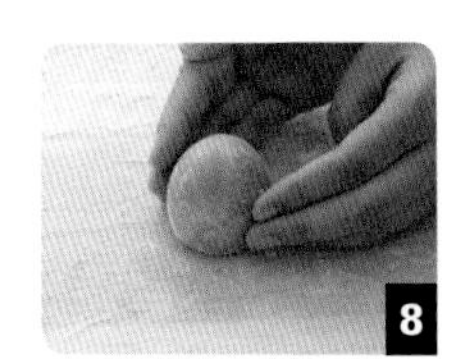

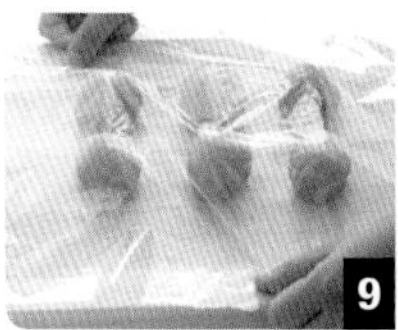

超级罗唆

♡ 全部用紫薯和面也可以，加一些水能让颜色没那么深，更好看些。你还可以用南瓜、胡萝卜或者菠菜汁和面做出各种颜色的彩色馒头。

♡ 发面用清水或者温水都可以。温水更好发一些，但是温度不要过高，手能微微感到有热度的水就可以了，水温太高容易烫死酵母。

♡ 如果是夏天，尤其是桑拿天，面团直接室温发酵就可以了。如果室温过低，我们可以把面盆放到烤箱、微波炉等密闭的空间里，再在里面放一杯热水，增加温度和湿度，让面团更好地发酵。

♡ 面发好后一定要多揉，揉到表面光滑，里面的组织气孔细小均匀为止，这样做出的馒头才好吃。你可以分成小块揉，也可以一整块揉，但是一定要揉到位，像宝宝吃的小个儿馒头，我一个能揉 50 下，大人吃的馒头，有时候一个能揉 100 下，权当减肥了。揉面的时候要先搓开，再折叠回来，多试几次就能掌握技巧了。

Part 4

饭量变大了，嘴也变刁了

超级啰唆

这个拌饭料可以给宝宝拌到粥或者面条里，因为虾皮和小鱼干都有一点儿咸，所以最好在宝宝1岁以后再添加。

虾皮和小鱼干最好都用低盐，适合宝宝吃的。用之前可以用清水淘洗一遍，充分沥干之后再使用。

虾皮、小鱼干、木鱼花最好提前用不粘锅炒到干松，这样既易打碎，又好保存。

我用的海苔碎和黑芝麻碎都是现成的，如果没有，你可以把海苔和黑芝麻烤香后一起打碎。

辅食

宝宝拌饭料

12个月–2岁

用料

- 小鱼干 10 克
- 虾皮 10 克
- 木鱼花 5 克
- 海苔碎 10 克
- 黑芝麻碎 10 克

做法

1 1 ~ 3 不粘锅中抹薄薄的一层油，分别放入小鱼干、虾皮和木鱼花炒到干松酥脆。

2 4 炒好的材料放入料理机中打碎。

3 5 将海苔碎、黑芝麻碎和打好的虾皮小鱼干碎混合在一起即可。

辅食

宝宝凉面

12 个月 -2 岁

用料

- 自制胡萝卜面 100 克
- 芝麻酱 20 克
- 凉白开 50ml
- 鸡蛋皮儿 1 张
- 黄瓜半根
- 柠檬汁 1 茶匙（5ml）

调料

- 宝宝酱油 1 茶匙（5ml）

做法

1 将芝麻酱放入碗中，分几次倒入凉白开，一次不要倒太多，倒进去后用筷子不断地画圈儿搅匀，搅匀后再倒入一点儿水，直到稀释为流动性的芝麻酱。

2 1柠檬切一半，挤出 1 茶匙（5ml）的柠檬汁与芝麻酱拌匀，2接着再倒入宝宝酱油搅匀备用。

3 3黄瓜洗净后切细丝，鸡蛋皮儿切细丝。

4 4锅内烧水，放入面条煮熟。

5 煮面的时候准备一大碗温水，5等面条煮熟后捞出用温水过一下。

6 过水后捞出沥干水分，浇上芝麻酱和黄瓜丝、鸡蛋皮丝拌匀即可。

超级啰唆

♡这个芝麻酱凉面适合1岁以上的宝宝吃。

♡我用的是自制的胡萝卜面，你可以换成普通的面条或者宝宝常吃的挂面。煮好后最好过一下水，吃起来口感比较清爽。大人吃的则可以用凉白开过水，给孩子吃的就用温水吧。

♡芝麻酱用黑芝麻酱或者白芝麻酱都可以。拌面之前一定要先用水澥开芝麻酱，倒水的时候最好一点一点加，每次搅匀之后再加下一次的水。

♡因为是给孩子吃，所以没有加盐，只放了宝宝酱油。醋也用了柠檬汁代替，这样吃起来会有柠檬的清香。

超级啰唆

这款饼干有鸡蛋的香味，入口即化不容易卡到宝宝。10个月以上，吃过鸡蛋不过敏的宝宝都可以吃。

自己给宝宝做饼干当零食，可以控制糖量和添加剂，更安全更放心。这个糖量适合一岁以上的宝宝。肉包儿小的时候我也给他做过无糖的，同样很成功。大人吃可能会觉得有蛋腥味儿，但是孩子很喜欢，所以可以给小宝宝做无糖或少糖的。

放蛋白的盆和打蛋头一定要无油无水，否则蛋白不容易打发。

蛋白最好打发至10分发，也就是干性发泡，把打蛋头提起时，盆里有直立、不弯曲的小尖角。当然，如果妈妈是烘焙新手，稍微差一点儿也没关系，不会很影响效果。

打发的蛋白糊与其他材料混合时应尽量迅速，并且用橡皮刮刀由底向上翻拌的手法来完成。这样做是为了保持蛋白打发后的效果以免消泡。

辅食

宝宝手指饼干

12 个月—2 岁

用料

○ 鸡蛋 2 个
○ 细砂糖 15 克
○ 低筋面粉 50 克

做法

1 蛋白和蛋黄分开，分别装入无油无水的干净盆中。

2 1 蛋黄中加入 5 克砂糖，2 用手动打蛋器搅打成浅黄色。

3 3 ~ 4 蛋白用电动打蛋器打发出大泡后，分 3 次加入 10 克细砂糖，打发至干性发泡（10 分发），打蛋头提起时，有直立不弯曲的小尖角。

4 5 打发好的蛋白和蛋黄糊混合，切拌均匀。

5 6 筛入低筋面粉，快速翻拌均匀。

6 将圆口花嘴放进裱花袋，7 装入面糊，8 在烤盘上铺油布，挤成长条手指状，同时预热烤箱。因为饼干在烤的时候会稍有膨胀，所以要注意留一些空隙。

7 挤好后放入烤箱中层，180 摄氏度烤 8—10 分钟至表面颜色稍微变黄即可。

超级啰唆

如果没有圆形的裱花嘴，直接装到裱花袋里剪个小口挤成长条状也行。挤的时候尽量粗细大小一致，不然烤的时候容易导致有的煳了，有的还没熟。

这款小饼干非常容易烤煳，所以温度不要定太高，烤的时候要勤观察。我给出的温度和时间只是个参考，最好根据自家的烤箱调整一下，看到边缘上色就可以了。

Let's go!

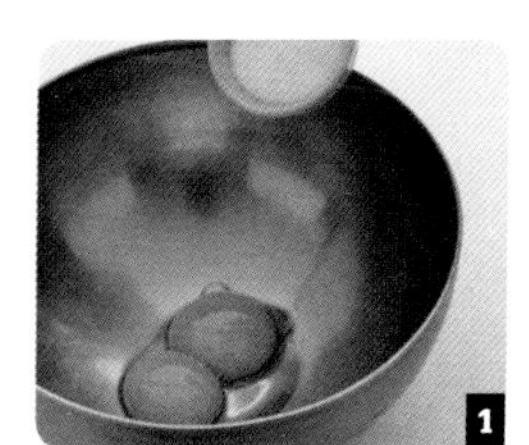

1

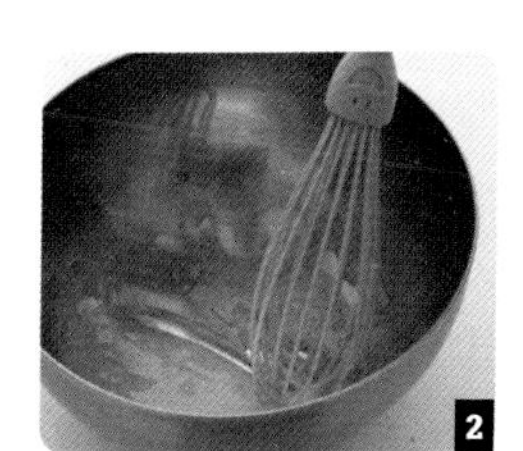

2

3

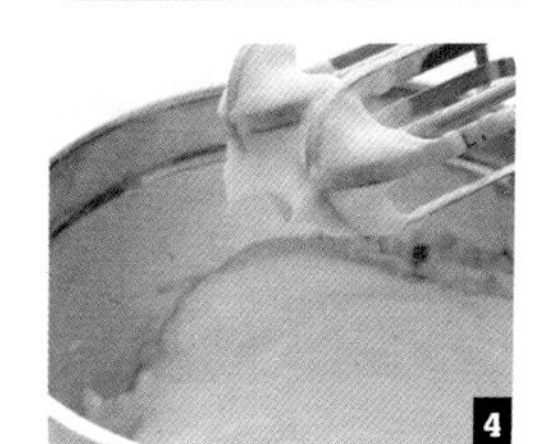

4

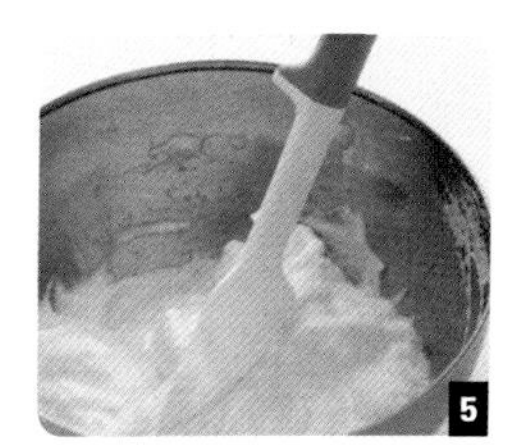

5

6

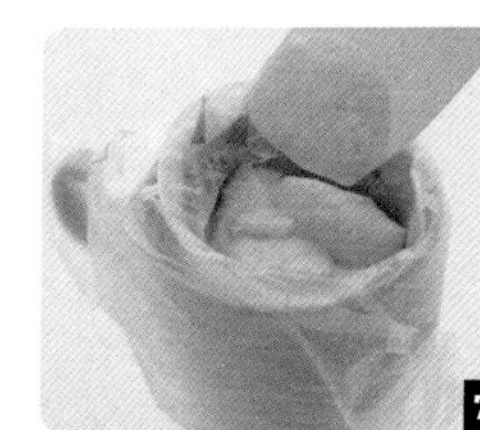

7

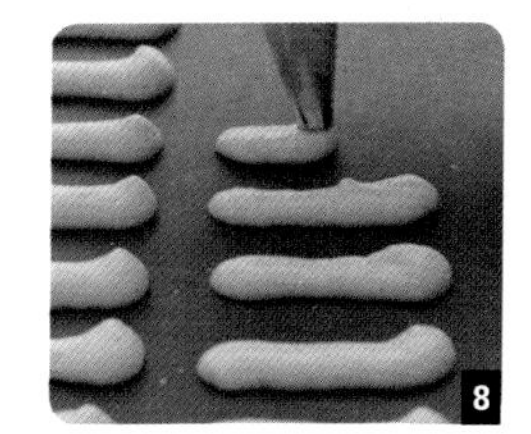

8

辅食

宝宝意面

12 个月 -2 岁

用料

- 西红柿 2 个
- 口蘑 3 朵
- 牛肉馅 50 克
- 洋葱 1/4 个
- 蒜 1 瓣
- 字母意大利面 20 克

调料

- 盐一点点，黑胡椒一点点

做法

1 1 西红柿去皮切小丁，口蘑切碎，洋葱和蒜切碎。

2 锅内放一点油，油温热后放入洋葱碎和蒜末炒出香味。

3 2 ~ 3 倒入牛肉馅，炒到变色后加入西红柿和口蘑。

4 炒匀后改小火煮 5 分钟，4 加盐和黑胡椒即可。

5 5 宝宝吃的字母意面放到焖烧杯中，倒入刚烧开的水，水量至少没过面 3 厘米，但是也不要灌太满，6 盖上盖子，焖半小时。

6 7 开盖把水滗出去，盛出拌上意面酱就可以吃了。

Let's go!

1

2

3

4

5

6

7

超级啰唆

这个宝宝意面适合 1 岁以上的孩子吃。除了意面，这个酱还可以配面条或米饭。

用焖烧杯做意面是为了方便带孩子出门的妈妈们。提前在家把意面酱做好带着，再用焖烧杯焖熟意面，这样意面是热的，拌上酱温度正好，很适合外出的宝宝。

如果不用焖烧杯，就按照平时煮意面的方法即可。

我用的是适合小宝宝吃的字母意面。这种面很小，和孩子常吃的星星面差不多大，很容易熟，你可以根据意面的种类决定煮和焖的时间。

对于用焖烧杯做吃的，妈妈们褒贬不一。我觉得偶尔带孩子出去的时候用一下还是挺方便的，平时还是可以用普通的方法来做。

超级啰唆

这道菜适合 1 岁以上的宝宝吃。

杏鲍菇要尽量切得薄一点儿，这样比较容易炒软。

做这道菜不需要什么技术含量，就加一点儿宝宝酱油，孩子们就会特别喜欢吃，试试看吧。

辅食

彩椒杏鲍菇

12个月-2岁

用料

- 杏鲍菇1根
- 红黄彩椒各1小块

调料

- 宝宝酱油一点点

做法

1 杏鲍菇洗净后对半切开，1然后切成薄薄的片，彩椒切小菱形块。

2 锅里倒一点点油，倒入杏鲍菇翻炒。

3 炒到杏鲍菇变软后，2倒入一点点宝宝酱油。

4 3放入彩椒块，再炒1分钟即可。

Let's go!

1

2

3

辅食

胡萝卜面

12 个月 –2 岁

用料

- 胡萝卜汁 80 克
- 面粉 200 克

做法

1 胡萝卜洗净削皮后切块，1 放入原汁机中榨出胡萝卜汁。

2 2 取 80 克胡萝卜汁，倒入 200 克的面粉中，用筷子搅拌成雪花状。

3 用手揉成很硬的面团，一次揉不匀没关系，盖上保鲜膜饧一会儿（20 分钟），之后再接着揉，反复几次就能揉匀了。

4 3 ~ 4 揉好的面团盖上保鲜膜饧半个小时，然后取出再揉一下，接着搓成椭圆形的长条。

5 5 把面条按扁，用擀面杖擀成椭圆形的厚片，片的宽度要小于压面机的宽度。

6 厨师机安装上压面片的配件，开启一 档，6 把面片放入，启动。

7 7 全部压完之后把面片拿起来，再重新启动压一次。这样反复 2—3 次后，面片就比较均匀了。这时面片的状态应该是：面片压到案板上，可以自然地叠起来。

8 换上压面条的配件，8 把面片放入，启动机器，面条就做好了。

9 做好的面条挂到晾面架上晾干，或者撒一层薄面粉防粘，用保鲜袋装好冷冻起来。

Let's go!

1

2

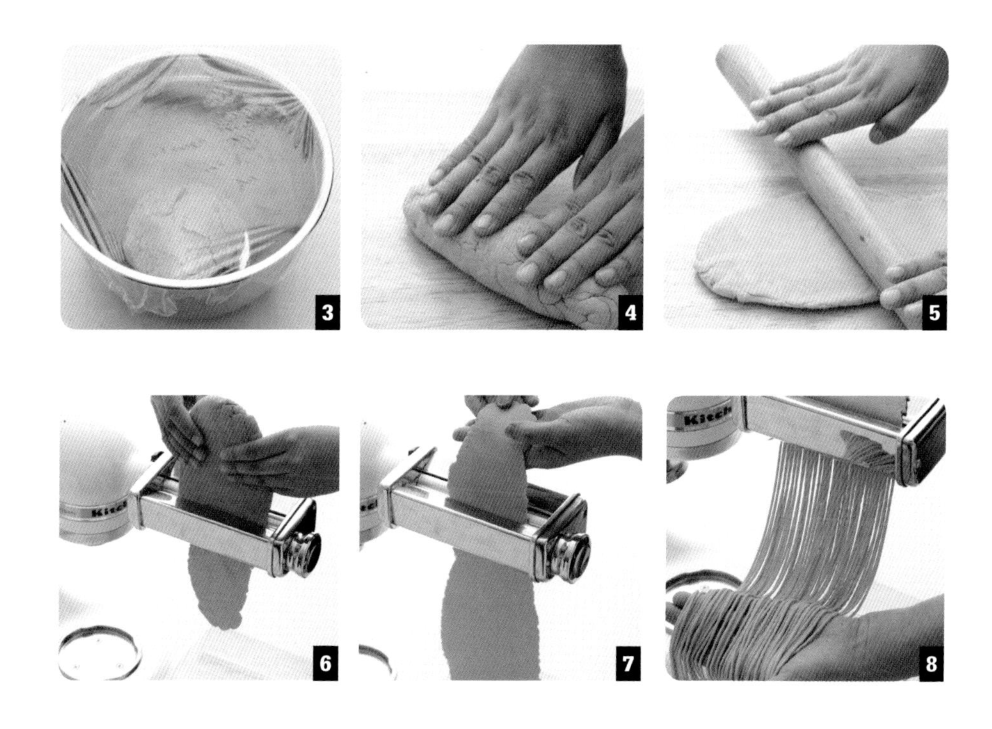

超级
啰唆

做蔬菜面，最好用原汁机来榨蔬菜汁，因为原汁机榨出的汁不用加水，纯度高，颜色和营养都更好。我用的是韩国“惠人”的顶配款，你还可以选择其他型号的原汁机，只要不是太便宜，基本功能都差不多。还有最好选择机芯是进口的，那样比较耐用。

这个胡萝卜面，我介绍的是厨师机（压面机）的做法，所以面团一定要硬，压出的面条效果才好。如果是自己手擀，胡萝卜汁的量可以再多 10—20 克，这样便于新手妈妈操作，软一些的面条也更适合宝宝。成人吃就不建议增加水量了，因为面团硬一点儿，煮出的面才劲道。

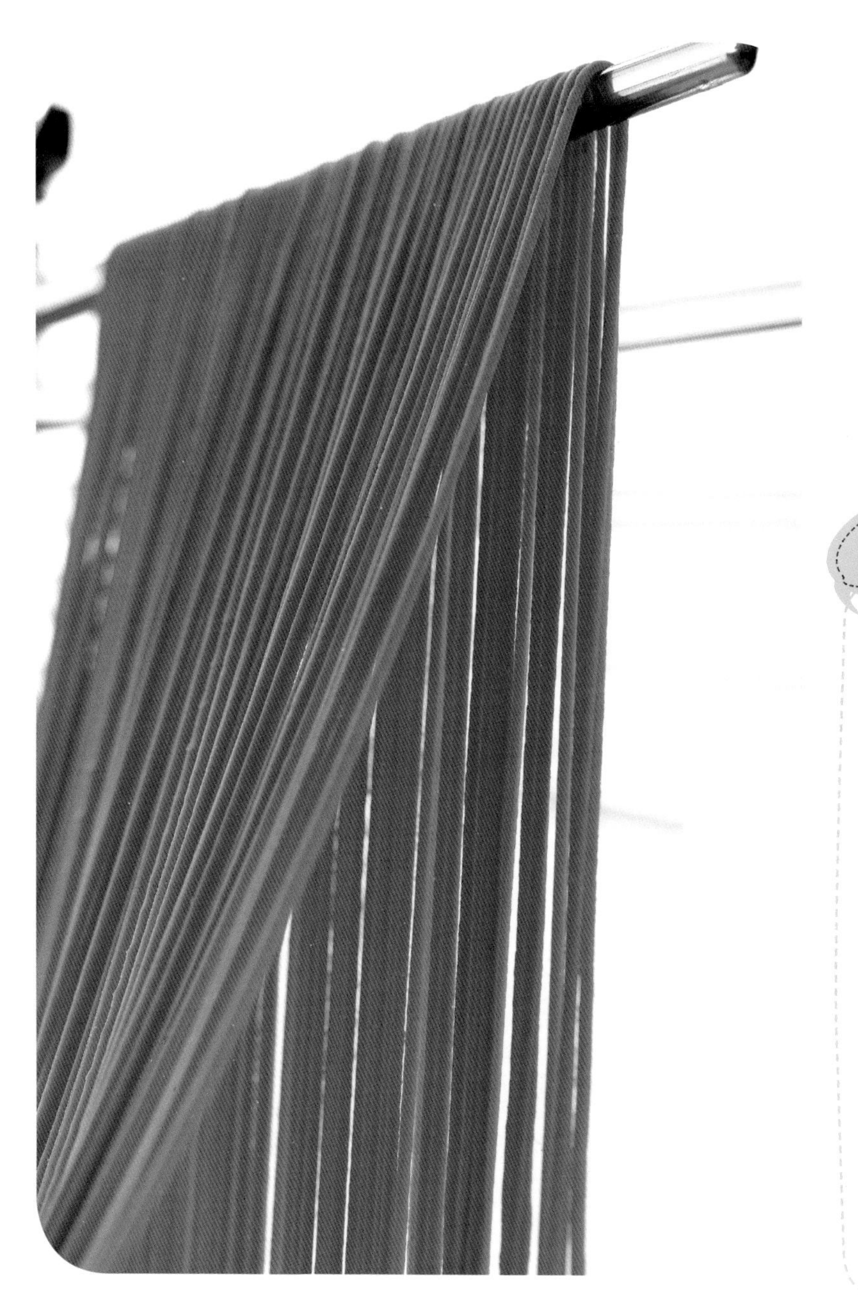

超级啰唆

之所以没用厨师机和面，是因为给宝宝做面条量比较小，用手就可以很轻松地完成了。

我用的是厨师机压面的配件，你也可以用家用的面条机来做。操作步骤是一样的，先反复压几次面团让它变均匀，然后再切成面条。

你也可以直接手工切面，或者做成小蝴蝶面、彩色面片，做法参见菠菜面和火龙果面。

辅食

菠菜面

12 个月 –2 岁

用料

- 菠菜汁 90 克
- 面粉 200 克

做法

1 1 菠菜洗净后切段，放入原汁机中榨出菠菜汁。

2 2 ~ 3 取 90 克菠菜汁，倒入 200 克的面粉中，用筷子搅拌成雪花状。

3 用手揉成比较硬的面团，盖上保鲜膜饧 20 分钟，再反复几次把面团揉匀。

4 4 揉好的面团盖上保鲜膜饧半小时，然后取出再揉一下，5 擀成大约 1 毫米厚的面片。

5 接下来就是做花型。6 ~ 7 最简单的方法是拿一个小点儿（直径 2cm）的花形饼干模具，在面片上依次刻出花型，然后取下。剩下的面片继续揉成团，擀薄，刻花，直到把面团全部用完。怕麻烦的话，剩下的部分切不规则的面片也行。

6 你也可以给宝宝做成蝴蝶面。多用几种颜色的面团搭配在一起，好看又好吃，孩子们会比较捧场。我拍了几种做蝴蝶结的方法：

7 8 ~ 9 擀薄的面片用普通刀切成长 2cm，宽 1cm 的小面片，取出面片，用尖头筷子夹住面片中间，捏紧即可。

8 10 ~ 11 擀薄的面片用波浪刀切成长 2cm，宽 1cm 的小面片，取出面片，用尖头筷子夹住面片中间，捏紧即可。

9 12 ~ 13 擀薄的面片用圆形（直径 1.5cm）模具切出一个圆形面片，取出面片，用尖头筷子夹住面片中间，捏紧即可。

10 这样就做出 3 种不同样子的蝴蝶结了，最好多准备几种颜色的面片，这样做出的面色彩和样式更丰富，更好看。

11 一次吃不完的彩色面，可以冷冻或者晾干保存，下次吃的时候直接煮就行了。

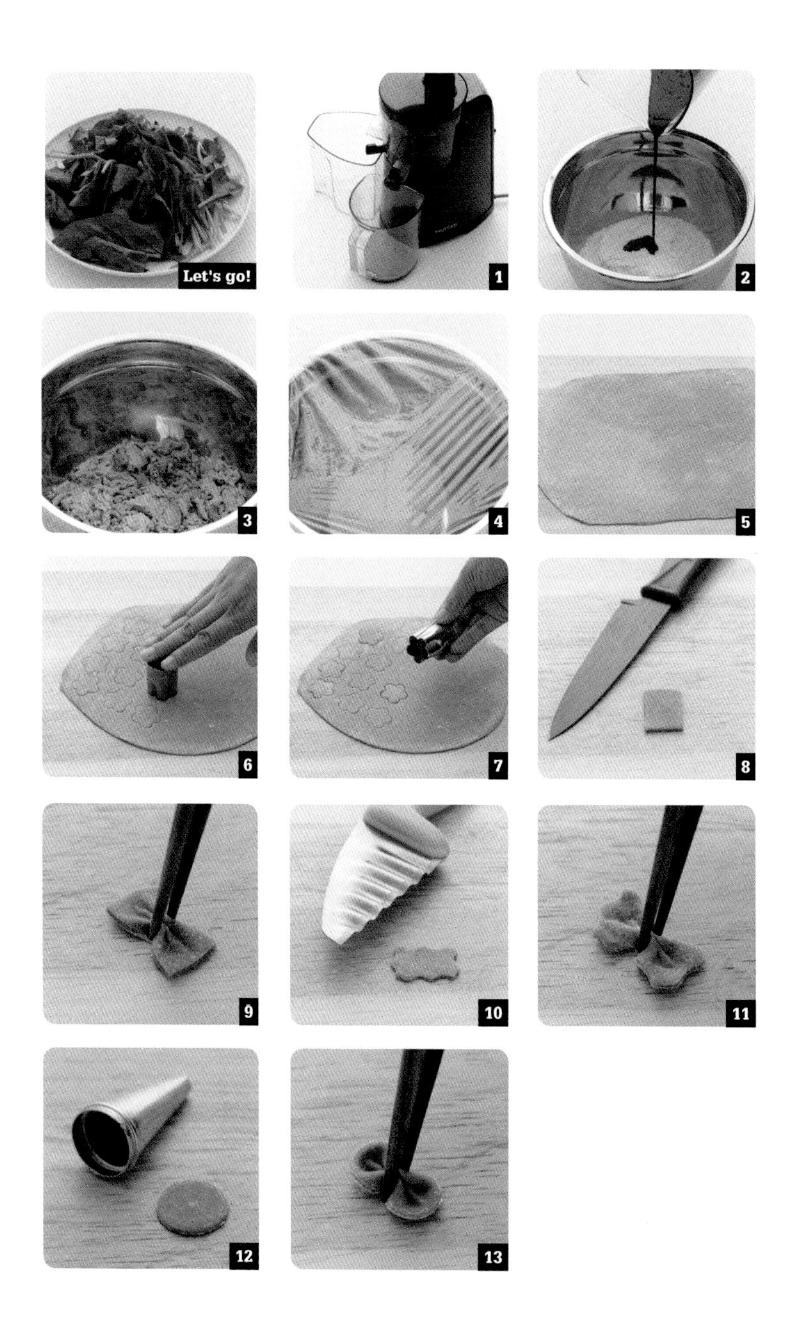
Let's go!
1
2
3
4
5
6
7
8
9
10
11
12
13

超级啰唆

♡ 这个菠菜面是做给孩子吃的，所以菠菜汁我用了90克，面团相对柔软一点儿，给孩子煮的时候也好煮，如果是大人吃，菠菜汁用80克就可以了。

♡ 除了菠菜，你还可以选择其他蔬菜榨汁做彩色小面片，颜色丰富一点，孩子会更爱吃。榨汁最好用原汁机，那样出来的颜色才好看。

♡ 彩色面可以直接用饼干模具刻花，也可以捏成蝴蝶结，一次多做点儿，晾干或者冷冻保存都可以，尽量在一个月内吃完哟。

辅食

红烧鸡肉小丸子

12 个月 –2 岁

用料

- ○ 鸡胸肉 1 块
- ○ 蛋清 1 个
- ○ 淀粉 5 克
- ○ 毛豆 1 小把
- ○ 南瓜 50 克
- ○ 葱 1 小段
- ○ 姜 1 片

调料

- ○ 红烧酱油 1 汤匙（15ml）
- ○ 糖 1/2 茶匙（3 克）
- ○ 盐一点点
- ○ 水淀粉 1 汤匙（15ml）

做法

1. 1 鸡肉去掉筋膜切小丁，葱姜切碎末，毛豆煮熟，南瓜切丁后蒸熟。
2. 2 鸡肉加葱姜末一起放入料理机或绞肉机打碎成泥。
3. 3 在打好的鸡肉泥里加入蛋清，4 用筷子沿一个方向搅匀，直到蛋清全部被吸收。肉泥搅打上劲后，加入盐和淀粉，搅匀备用。
4. 锅内烧水，5 水开后，盛一些鸡肉泥在手上，把肉馅由下往上从虎口处挤出，勺子蘸一下清水，把丸子取下，放入锅中。
5. 丸子全部挤好后，用勺子搅动一下锅底，然后煮 3 分钟，直到丸子都漂起来后捞出。
6. 6 锅中倒入一点点油，油热后放入葱姜末煸炒出香味。7 放入煮熟的鸡肉丸和熟的毛豆、南瓜。
7. 倒入红烧酱油、糖和一点儿水（铺满锅底即可），煮开后小火煮 1 分钟，开大火，8 转圈淋入水淀粉，搅匀即可。

Let's go!

1

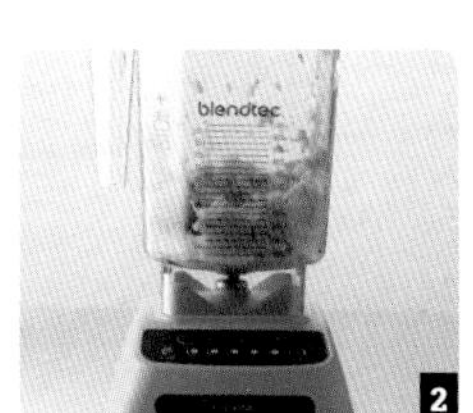

2

3

4

5

6

7

8

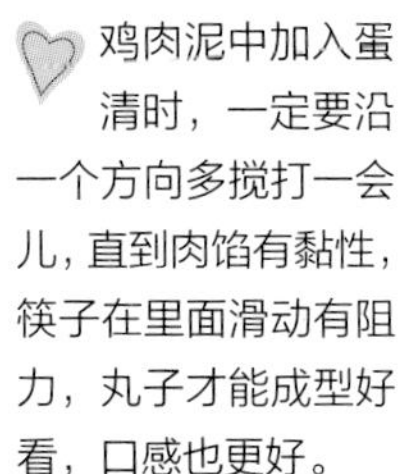

鸡肉泥中加入蛋清时，一定要沿一个方向多搅打一会儿，直到肉馅有黏性，筷子在里面滑动有阻力，丸子才能成型好看，口感也更好。

挤丸子的手法一般都是把调好的肉馅放到手心里，握拳，把肉馅从下往上从虎口处推出。推的时候食指弯曲，大拇指上下滑动。想让丸子表面光滑，更好看，就多重复几次，收口的时候大拇指向下一使劲儿，丸子就直接被挤出来了。

因为是给宝宝吃，所以除了葱姜，没有放其他调料。等孩子大一些或是给大人吃，还可以在拌馅时放一些黄酒、生抽，去腥增香。

除了单一的鸡肉丸子，你还可以混合胡萝卜等蔬菜一起做丸子，但是菜的比例不要太大，以免丸子散烂不成形。

宝宝吃的红烧菜比大人吃的要清淡，不适合炒糖色。用红烧酱油调味调色就好。因为有咸味，盐可以少放或者不放。如果不喜欢吃红烧的，还可以换成糖醋或者其他口味。

超级啰嗦

- 这个蛋黄饼干适合 10 个月以上，已经添加蛋清且不过敏的宝宝。如果你怕宝宝过敏，可以推迟到 1 岁之后再尝试。
- 因为是给小宝宝吃，所以我没加泡打粉。如果给大一点儿的孩子做，可以加 1—2 克泡打粉，这样口感更酥松。
- 这个饼干最重要的就是蛋液的打发，一定要打发到蛋液浓稠，即提起打蛋头，滴落的蛋液不会马上消失的状态。
- 搅拌面粉和蛋液时一定要快速，不然蛋液消泡，饼干就不那么酥脆了。

辅食

蛋黄小饼干

12 个月 -2 岁

用料

- 蛋黄 1 个（约 20 克）
- 全蛋液（约 25 克）
- 低筋面粉 40 克
- 细砂糖 10 克

做法

1 [1] 蛋黄和全蛋液混合，放到干净的大碗里，加入细砂糖，用打蛋器打发到蛋液浓稠，能划出纹路，即提起打蛋头，滴落的蛋液不会马上消失的状态。

2 [2] 低筋面粉过筛到蛋液中，[3] 用刮刀快速拌匀（从下到上翻拌，不要画圈搅拌）。

3 [4] 拌好的面糊装入已经装了裱花嘴的裱花袋中，同时预热烤箱到 180 度。

4 在铺了油布或油纸的烤箱上，[5] 依次挤出直径大约 2cm 的饼干，放入烤箱中上层，180 度上下火，烤 10 分钟左右即可。

超级啰嗦

♡ 裱花袋里装一个圆形的花嘴，挤出的饼干形状会更好。如果没有花嘴，你也可以直接在裱花袋前端剪一个小口。

♡ 如果装裱花袋时没有帮手，你可以把裱花袋套在一个杯子上，这样装面糊就方便多了呢。

辅食

鸡蛋饼

12 个月 –2 岁

用料

- 鸡蛋 2 个
- 面粉 10 克
- 水 30 克

做法

1 1 ~ 2 鸡蛋打入大碗中，用筷子或者打蛋器充分打散。

2 3 在面粉中加入水，调成没有颗粒的面粉水。

3 4 将调好的面粉水倒入蛋液中，搅拌均匀。

4 平底不粘锅锅底抹一层薄薄的油，开中火，锅热后调成小火。5 用勺子盛一勺鸡蛋液，倒入锅中，用勺子轻轻抹圆。

5 全程小火，烙到鸡蛋饼边缘微微翘起时，翻面烙到上色即可。

超级罗唆

♡ 这个鸡蛋饼适合1岁以上的宝宝。这个鸡蛋饼属于基础款，你还可以切一些青菜碎、胡萝卜碎或者肉末放进去，营养更丰富。

♡ 鸡蛋一定要充分打散，直到蛋白和蛋黄完全融合。这样烙出的鸡蛋饼口感和颜色都更好。

♡ 烙鸡蛋饼的时候要先把锅烧热一点儿再放蛋液，锅太凉饼不容易成型。

♡ 面粉水不要加得太多，否则鸡蛋饼口感会发硬。

♡ 鸡蛋饼烙的时间不要太长，微微上色就可以，时间长了饼会太硬，不适合给宝宝吃。

超级啰嗦

♡ 这道干贝丝瓜清淡鲜美，但是干贝有咸味，所以比较适合一岁以上的宝宝。

♡ 丝瓜切的大小可以根据宝宝的咀嚼能力来定。肉包儿一岁半的时候，我给他切成了小薄片。如果你家宝宝还小，可以把丝瓜切得再小一点儿，碎一点儿。

♡ 干贝一定要充分泡软之后再做菜，大约要泡两个小时，不要用热水泡，容易流失鲜味。另外，干贝最好洗干净再泡，这样泡干贝的水可以直接用来做菜，避免浪费。

辅食

干贝烩丝瓜

12个月-2岁

用料

- 干贝4—5颗
- 丝瓜半根

做法

1. 1 干贝洗净用温水浸泡两小时。
2. 丝瓜去皮去籽切成小条，干贝泡软后用手撕成细丝。
3. 锅内放一点点油，2 倒入丝瓜炒软，3 加入干贝丝和泡干贝的水。
4. 关小火稍微煮一会儿，煮到丝瓜软熟即可。

超级啰唆

♡ 干贝泡软之后要尽量撕得细一点儿，有助于宝宝更好消化。

♡ 除了干贝和丝瓜，你还可以切一些香菇或者其他蘑菇一起搭配，同样非常好吃。

♡ 给宝宝炒菜用的油量非常少。如果你不想用油，也可以直接把干贝丝和泡干贝的水煮开，再加入丝瓜一起煮到软熟就可以了。你也可以把这些食材放到粥或者面里一起煮。

Let's go!

1

2

3

辅食

骨汤肉碎蔬菜面

12个月-2岁

用料

- 骨汤 1 碗
- 腔骨肉碎 1 小碟
- 鸡肉碎 1 小碟
- 香菇 1 个
- 芹菜 1 段
- 宝宝面条 1 小把

做法

1. 1 香菇和芹菜洗净切碎。如果宝宝月龄较小，可以先把香菇和芹菜煮熟后再切碎。
2. 锅内加入骨汤。如果你煮的骨汤特别浓，可以加一点儿水。
3. 2 水开后掰入小面条（根据宝宝月龄决定掰的面条的大小）。
4. 加入芹菜碎和香菇碎，3 稍微煮一会儿之后加入腔骨肉碎和鸡肉碎。
5. 煮 7—8 分钟，面条煮软后就可以盛出来晾凉给宝宝吃了。1 岁以上的宝宝可以放一点点盐或者宝宝酱油。

超级啰嗦

这个骨汤蔬菜面适合月龄稍大一点儿的宝宝，最好在10个月或1岁以上。而这道菜用到的材料——猪肉、鸡肉、芹菜和香姑，需要宝宝都单独尝试过，不过敏才能放到一起煮。你也可以换成其他蔬菜，但还是遵循这个原则：要单独尝试过不过敏才好。

Let's go!

1

2

3

超级啰唆

♡ 这里用到的肉碎是煲大骨汤时剩下的腔骨和鸡架上面拆下来的肉。根据自己孩子的实际情况可以把肉撕碎一些，如果宝宝月龄小，也可以打成泥。

♡ 骨汤如果不加肉，做成素面也很好吃。加点菜叶和鸡蛋，伴有骨汤的味道，还是很香的。

♡ 大宝宝吃可以加盐或者酱油，小宝宝吃的话什么都不用加。

♡ 面条的大小根据自家宝宝的月龄和接受能力来定。肉不要放太多，防止宝宝吃太多肉类积食。

超级啰唆

这道海苔米饭卷适合 1 岁以上的宝宝。如果想让宝宝直接拿着吃又怕脏手的话，可以在外面包保鲜膜，这样既好玩还能锻炼宝宝的抓握能力。一个海苔卷有饭有菜还有肉，出去玩的时候带着很不错，又方便。

洋葱和芹菜焯烫一下能去除辣味和生味，如果宝宝大一点儿了，不焯烫也可以。

除了芹菜叶和洋葱，你还可以放其他蔬菜。肉馅也可以根据宝宝的喜好更换，鸡肉、牛肉或者虾肉都可以。

米饭最好用适合宝宝吃的软米饭，这样米的黏性比较大，不容易散，孩子吃也好消化。

辅食

海苔米饭卷

12 个月 -2 岁

用料

- 瘦猪肉馅 30 克
- 熟米饭 30 克
- 洋葱 15 克
- 芹菜叶 15 克
- 海苔 1 张

调料

- 盐一点点

做法

1. 1 洋葱和芹菜叶放入沸水中焯烫 30 秒后捞出沥干，2 剁碎。
2. 3 把米饭、肉馅、切好的菜碎和一点点盐混合在一起拌匀。
3. 海苔剪成合适的大小，放在案板上，上面铺一条肉馅米饭，然后用海苔把它卷起来。接口的部分可以蘸一点儿水，卷的时候尽量卷得紧一点儿。
4. 4 卷好后放入蒸锅，上汽后蒸 10 分钟。
5. 5 蒸好后晾到温热，切成小段就可以吃了。

Let's go!

1

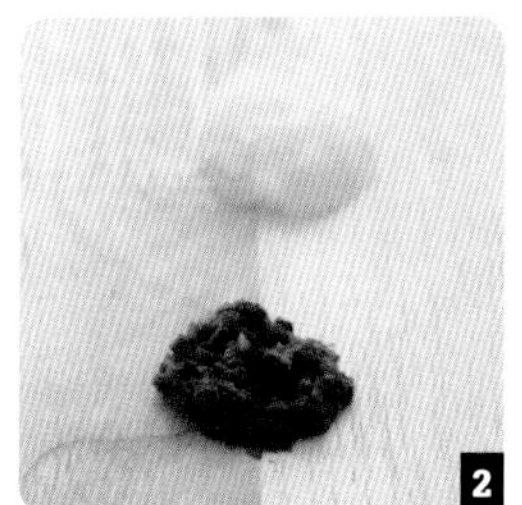
2

3

4

5

超级啰唆

♡ 海苔根据需要剪成适当的大小，能包裹住米饭就行。接口处不好黏合的话，可以抹一点儿清水。

♡ 如果宝宝不喜欢海苔的味道，也可以直接用耐高温的保鲜膜包裹米饭，卷紧成香肠形状上锅蒸就行。

辅食

蔬菜海鲜焖饭

12 个月 -2 岁

用料

- 大米 100 克
- 干贝 10 粒
- 鳕鱼 100 克
- 西蓝花 1/4 朵
- 胡萝卜半根
- 玉米粒 50 克

调料

- 宝宝酱油一点点

超级啰唆

这道海鲜焖饭适合 1 岁以上的宝宝。焖饭用的陶瓷锅。是日本凯得宝（K+dep）牌的。这是一种耐高温的厨具，非常适合用来煮粥、煲汤、做炖菜。除了电磁炉，它可以放在明火、烤箱、微波炉里使用，我这次用的是电陶炉。

我有很多款“凯得宝”的陶瓷锅。从第一款到现在用的新款，没有一个开裂。即使直接从冰箱里拿出来放火上加热，或在它还热的时候直接放冰凉的地板上，锅体也不会开裂。

做法

1 大米和干贝洗净，分别浸泡半个小时。

2 1 鳕鱼去掉鱼皮和中间的鱼骨、鱼刺，切成 1cm 见方的小丁。胡萝卜去皮切成和鳕鱼大小一样的丁。2 西蓝花掰成小朵后，放入沸水中焯烫一下。焯烫的时间不要太长，水开后煮 5 秒就可以，焯好后放在凉水中过凉。

3 3 泡好的干贝加一点点黄酒放入蒸锅蒸 15 分钟，4 蒸好后晾凉用手碾碎成细丝。

4 锅中放入泡好的米，5 再倒入两倍于米量的水，6 加入鳕鱼、胡萝卜和干贝丝，盖上锅盖。7 大火煮开后，调成小火焖 20 分钟。

5 20 分钟后戴隔热手套打开盖子，8 加入西蓝花和玉米粒，盖上盖子，再焖 5 分钟即可。盛出后加一点点宝宝酱油或者一点点盐提味（加料前妈妈先尝一尝哟）。

超级啰嗦

♡ 因为这款焖饭是给宝宝做的，所以水的比例比较大，这样米饭更软糯。

♡ 干贝有咸味，一般不需要额外加盐。除非米饭多，干贝少，米没有什么味道，可以加一点点盐或者宝宝酱油，这个量由妈妈自己掌握。

♡ 鳕鱼的鱼骨和刺一般集中在中间部位，直接用刀切去即可。去完之后最好用手再摸一遍，看看有没有细小的刺，防止卡到宝宝。

♡ 西蓝花焯烫是为了去除残留的农药，让宝宝吃得更放心。因为之后还要焖，所以烫的时间不要太长，5 秒就可以了。焯烫好之后把它们浸泡在凉水中，能保持西蓝花翠绿的颜色。

♡ 胡萝卜不好软，所以要提前和米一起焖。

超级
啰唆

这道菜适合 1 岁以上的宝宝。

茭白营养丰富，加一点点酱油就很好吃。一定要把丝尽量切细，胡萝卜不用放太多，和茭白的比例大约在 1 ： 10 就可以了。

辅食

茭白胡萝卜丝

12个月-2岁

用料

- 茭白2根
- 胡萝卜1小段

调料

- 宝宝酱油一点点

做法

1. 1茭白和胡萝卜去皮后分别切成细丝。
2. 锅内倒油，油温热后倒入胡萝卜丝翻炒半分钟。
3. 2炒软后加入茭白丝，炒到茭白丝变软（1—2分钟）后，3倒入一点点宝宝酱油。
4. 再炒半分钟即可出锅。

辅食

黄金米饼

12 个月 -2 岁

用料

- 南瓜泥 50 克
- 土豆泥 50 克
- 软米饭 150 克
- 鸡蛋 1 个

做法

1. 南瓜泥和土豆泥混合搅拌均匀后，1 加入打散的鸡蛋液搅匀。
2. 2 加入蒸熟的软米饭，搅拌均匀。
3. 平底不粘锅锅底抹一层薄薄的油，开小火，3 用勺子盛一勺米饭糊放入锅中，稍稍按压成圆形。
4. 全程小火，一面煎金黄后翻面，煎到两面金黄即可。

超级啰唆

♡ 这个黄金米饼适合1岁以上的宝宝。

♡ 根据南瓜泥水分含量的多少和鸡蛋大小的不同，加入的米饭可以多一点或者少一点。妈妈们加的时候可以自己感受一下，米饭糊不要太稀，否则小饼不易成形。

♡ 为了宝宝好咬好消化，这次的米饼有些偏软，用薄一点的铲子比较好翻。如果没有薄铲子，可以借助一个盘子，把烙好一面的饼先滑到盘子里，再啪一下扣回锅里。

♡ 油不要放太多，用毛刷刷薄薄一层就可以。没有毛刷的话，切个胡萝卜头，用它蘸着油擦锅也不错。

♡ 南瓜泥本身有甜味，所以这个小饼不加调味料也很好吃。

超级啰嗦

这个饭适合1岁以上的宝宝。如果把米饭换成稠粥且不放盐，10个月以上的宝宝也是可以吃的。

鸡汤可以一次多煮一些，放冰格冷冻保存。鸡肉也可以拆成鸡肉碎冷冻，这样给宝宝做饭的时候会很方便。

除了西蓝花，你还可以放其他绿叶蔬菜，蘑菇的种类也可以更换。

如果宝宝1岁以上，也可以放一点儿奶酪，味道也很好。

辅食

鸡肉鸡汤蘑菇炖饭

12 个月 -2 岁

用料

- ○ 冻鸡汤块 2 块
- ○ 熟鸡肉碎一小碗
- ○ 白玉菇 5 棵
- ○ 茶树菇 5 棵
- ○ 西蓝花 2 朵
- ○ 熟软米饭 1 小碗

做法

1 1 白玉菇、茶树菇、西蓝花分别洗净切碎末。

2 锅内加少许水和鸡汤块烧开，2 ~ 3 加入熟的软米饭、鸡肉碎和切好的蔬菜蘑菇碎。

3 加一点点盐，小火煮 3 分钟，煮到蘑菇和西蓝花熟了即可。

Let's go!

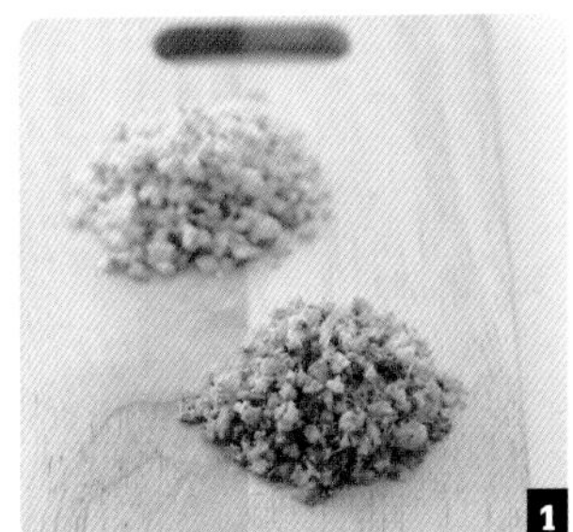
1

2

3

辅食

自制鱼丸

12 个月 -2 岁

用料

- 鲈鱼一条
- 蛋清 1 个
- 水 30 克
- 葱 1 段
- 姜 1 块

调料

- 盐 2 克
- 白胡椒粉一点点

参考分量

- 直径 2.5 厘米的鱼丸大约能做 50—60 个

做法

1 鲈鱼洗净去除内脏后，切掉鱼头，然后用刀贴着鱼骨，1 把鲈鱼片成两个大片。

2 去掉鱼片中间的大刺以及周围的小刺，葱姜切成碎末备用。

3 2 用刀从一侧开始，将鱼肉切松。切的时候刀口排列紧密一些，鱼皮不要切断。

4 3 切好之后，用叉子一点点把鱼肉刮下来，剩下的鱼皮不用。

5 刮好的鱼泥放到案板上反复剁，一直剁到鱼肉有一些黏性。加入切碎的葱姜，继续剁到鱼肉和葱姜完全融合到一起，4 再一点点地往鱼泥里加入水（约 10 克）。

6 每加一次水，都要剁到鱼肉与水完全融合之后再加第二次，直到水全部加完。整个过程大约要剁 5 分钟，剁到鱼泥有些粘刀，挑起一部分鱼泥时，能跟着刀带起来一大块儿。

7 5 ~ 6 在剁好的鱼泥里加入蛋清、盐、胡椒粉，沿着一个方向搅拌。搅匀后继续分次加入 20 克水，一直搅打到鱼肉上劲儿，感觉筷子搅动时有阻力就可以了。

8 7 锅内烧水，水开后盛一些鱼肉泥在手上，然后把鱼泥由下往上，从虎口处挤出。勺子蘸一下清水，把鱼丸取下，放入锅中。

9 鱼丸全部挤好后，用勺子搅动一下锅底。煮 3 分钟，直到丸子都浮起来后捞出。

10 8 做好的丸子可以留一部分给宝宝吃，剩下的放在保鲜袋里冷冻保存 。

这个鱼丸适合 1 岁以上的宝宝。鲈鱼刺不多，鱼刺大多集中在中间部位，大致去除后再用手摸一遍旁边的小刺，挑干净就可以了。你还可以用其他刺少的鱼来做鱼丸。

先用刀把鱼肉切松，再用叉子刮的时候就比较好刮。鱼泥加葱姜和水一起剁，可以增加肉的黏性，也能让葱姜和鱼更好地融合。

鱼泥加水剁和后来加水和蛋清搅打，都是为了让鱼肉上劲儿，吃的时候口感不散、有嚼劲儿，所以一定要多搅打一会儿。挤鱼丸的时候，手上可以蘸一些清水，防止鱼泥黏到手上。如果不会挤丸子，把鱼泥装到袋子里，挤成鱼滑也可以。

超级
啰嗦

这道咖喱鱼丸适合1岁半以上的宝宝。咖喱要选购宝宝能吃的，不辣的淡口咖喱。当然，你还可以做糖醋鱼丸或者茄汁鱼丸。

为了让孩子对蔬菜有兴趣，可以用刻花器或者饼干模具把蔬菜刻成花型，或者切成小花。肉包儿有一阵儿就很矫情，只吃刻成花的胡萝卜。

因为是给孩子吃，所以蔬菜都要多煮一会儿使其软一些。除了这两种蔬菜，你也可以变换其他的搭配哟。

辅食

咖喱鱼丸

12 个月 –2 岁

用料

- ○ 自制熟鱼丸 20 颗
- ○ 西蓝花 3 小朵
- ○ 胡萝卜半根

调料

- ○ 宝宝咖喱一小包

做法

1 **1** 西蓝花洗净后掰成小朵，胡萝卜削皮切片，用饼干模具或刻花器刻出花型。

2 锅内烧水，**2** 水开后放入西蓝花焯烫 2 分钟，捞出过凉沥干。

3 锅洗净后重新放水，大约没过锅底 3 厘米，放入胡萝卜片煮软。

4 **3** 胡萝卜片煮软后倒入宝宝咖喱粉，**4** ~ **5** 搅匀后加入鱼丸和焯好的西蓝花，搅拌均匀即可。

辅食

鱼丸汤

12 个月 -2 岁

用料

- 做鱼丸剩下的鱼头鱼骨 1 副
- 熟鱼丸 15 颗
- 葱 1 段
- 姜 1 块
- 小白菜叶 5 根

做法

1 [1] 小白菜洗净后切段，葱姜切片。

2 [2] 锅内烧水，水开后放入鱼骨、鱼头和葱姜片。大火煮开后，转小火炖煮 1 小时。

3 [3] 煮好后将鱼骨、鱼头捞出，[4] 放入白菜叶，[5] 煮 2 分钟后放入鱼丸，再次煮开后关火即可。

Let's go!

1

2

3

4

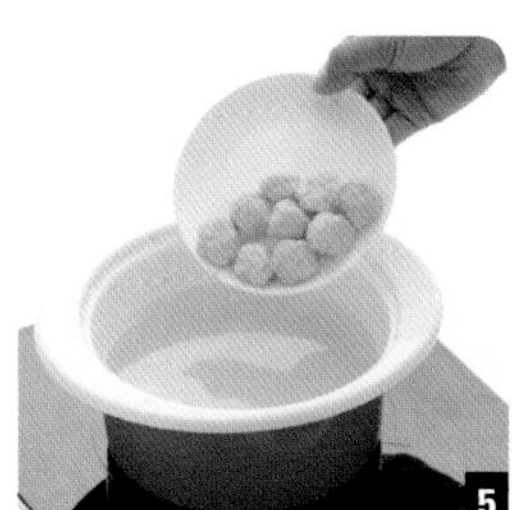
5

♡ 这个汤适合 1 岁以上的宝宝喝。如果宝宝之前尝试过鲈鱼不过敏，做鱼丸的时候又没有加盐，10 个月的宝宝也是可以喝的。

♡ 做鱼丸剩下的鱼骨和鱼头正好用来炖汤，孩子和大人都可以喝。把孩子喝的分量盛出后，大人的汤可以加一些盐和胡椒粉。

♡ 小白菜也可以换成其他蔬菜。

超级啰唆

♡ 这个熊猫豆沙包适合 1 岁以上的宝宝吃。

♡ 做熊猫眼睛和耳朵的黑色面团，我是用熟黑芝麻打成的粉做的，多加一点儿芝麻粉在面团里，颜色才会比较黑，也更好看。

♡ 除了熊猫的造型，你还可以和宝宝一起发挥想象力，做成小猪或者小兔子的形象。

♡ 包豆包的方法和包包子一样，包好后翻转一下就可以了。

♡ 豆沙可以自己做，也可以直接买，但是最好买糖分比较少的，更适合宝宝吃。

辅食

熊猫豆沙包

12 个月 -2 岁

用料

- 发面 300 克
- 豆沙 100 克
- 黑芝麻粉 15 克

做法

1. 取发好的发面一块（发面的做法参考 108 页“什锦素包”）。
2. 案板上撒薄面，反复揉面团，再搓成长条，1 切成如乒乓球一样大小的面剂子。
3. 撒一些薄面，2 把面剂子用手压平，3 用擀面杖擀成中间略厚的圆形包子皮。
4. 4 一手托着包子皮，另一手将豆沙放在正中，5 ~ 6 按照包包子的手法包好，7 翻转过来就是豆包了。
5. 8 ~ 9 取 15 克面团和 15 克黑芝麻粉混合揉匀成黑色面团。
6. 10 把黑色面团擀开成薄片，用裱花嘴大头印出圆片，再用小头抠出眼睛。11 剩下的部分搓成两个大的圆球和一个小的圆球做熊猫的耳朵和鼻子。
7. 12 然后就是组装了。往面团上沾的时候稍稍抹点清水，更容易沾上。
8. 全部做好后，往蒸锅中倒入清水，将屉布浸湿后再拧干，铺在笼屉上。13 间隔地放入豆沙包，然后盖上盖子，让豆沙包在锅中继续发酵 15 分钟。
9. 14 中火煮开水，上汽后蒸 12 分钟，关火，焖 5 分钟后再打开即可。

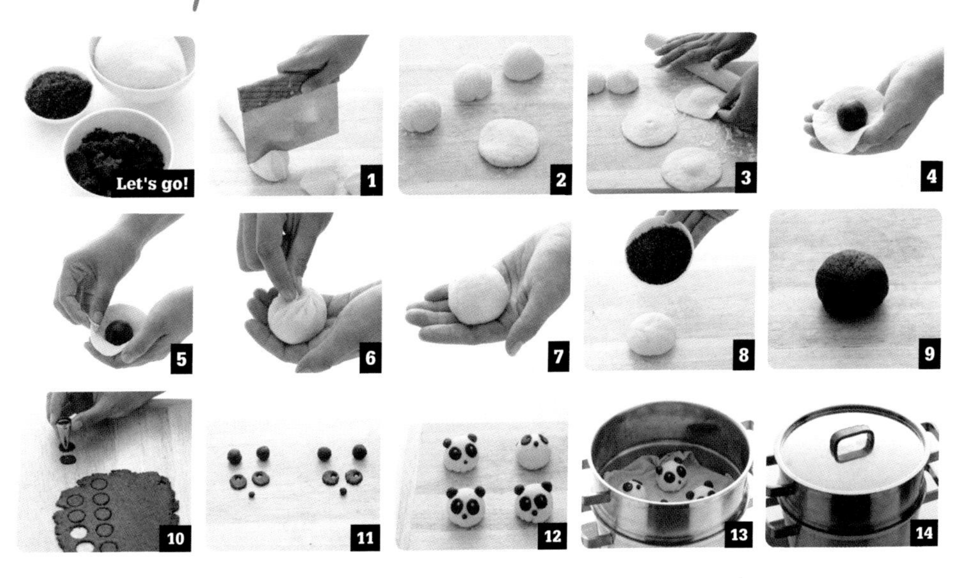

辅食

牛肉米饼

12 个月 –2 岁

用料

- 牛里脊 60 克
- 圆白菜 20 克
- 胡萝卜 10 克
- 浓粥 40 克

调料

- 盐一点点
- 淀粉 6 克

做法

1 牛里脊用凉水浸泡半小时，中间换一次水，泡出血水后先切小块，1 再剁成牛肉碎。

2 2 胡萝卜去皮切片后放入沸水中焯烫 3 分钟，之后加入圆白菜，再烫 1 分钟后捞出，3 沥干切碎。

3 4 大碗中放入牛肉碎和粥，加入蔬菜碎、盐和淀粉拌匀。

4 将拌好的米饼糊捏成直径大约 5cm 的圆饼。

5 5 不粘锅中倒入一点点油，把做好的米饼放入，中小火煎到两面上色。

6 6 倒入 2 汤匙的清水，7 盖上锅盖，小火焖 2 分钟即可。

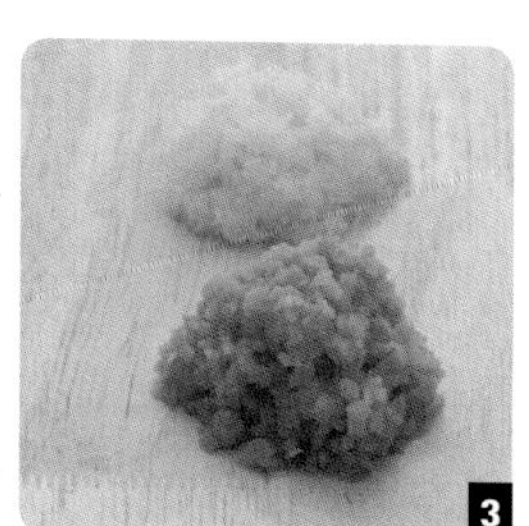

超级啰嗦

♡ 这个牛肉米饼适合1岁以上的宝宝。

♡ 牛肉提前用清水浸泡是为了把牛肉中的血水泡出来，中途最好换一次水。

♡ 牛肉和蔬菜都可以根据宝宝的喜好替换。需要注意的是，像胡萝卜这类比较硬的食材要提前煮软再用，便于消化。

♡ 粥要用稠一点儿的，不然水分太多不好成型，放淀粉的目的也是为了吸收肉饼中多余的水分。

♡ 这个牛肉米饼有一定的厚度，所以在锅中煎到两面金黄之后要加一点儿水焖一会儿，才能保证米饼熟透。

超级啰唆

这个奶酪饭适合1岁以上的宝宝。因为奶酪有咸味，所以可以不用加盐了。

除了片状的宝宝奶酪，你还可以用其他宝宝常吃的奶酪来做，但是不要有甜味的，也不要放太多，太多的话容易腻。

除了即食的奶酪可以放到饭里之外，你也可以用马苏里拉奶酪做成焗饭。步骤上前 4 点不变，做好的米饭盛到耐高温的容器中，撒上马苏里拉奶酪之后放烤箱上层，180 度烤 8 分钟左右，奶酪融化上色就可以吃了。

辅食

芹菜香菇鸡肉奶酪饭

12 个月 -2 岁

用料

- 芹菜 3 小段
- 香菇 3 朵
- 鸡胸肉 1 小块
- 片状宝宝奶酪半片
- 软米饭 1 小碗

做法

1 1 鸡胸肉、芹菜、香菇洗净切小粒。

2 2 锅内放一点点油，倒入鸡肉炒散。炒到鸡肉变色，大约 8 成熟时，3 放入香菇碎和芹菜碎。

3 翻炒均匀后加少许水，转小火煮大约 5 分钟。

4 4 煮好后倒入熟的软米饭搅拌均匀。

5 5 加入奶酪片，搅匀后出锅，晾到温热就可以吃了。

辅食

什锦素包

12个月-2岁

用料

- 面粉 500 克
- 温水 270 克
- 酵母 6 克
- 圆白菜 1/4 个
- 香菇 2 朵
- 胡萝卜半根
- 葱 1 段
- 木耳 2 朵
- 粉丝 20 克
- 鸡蛋 1 个

调料

- 宝宝酱油 1 茶匙（5ml）
- 盐 1/2 茶匙（2 克）
- 香油一点点

做法

1. 1 ~ 2 酵母加温水调成酵母水，倒入面粉中，3 ~ 4 再加入剩余的清水，边倒水边用筷子快速搅拌。将清水全部加入后，搅成絮状，5 ~ 9 用手将面团揉光滑。
2. 10 蒙上保鲜膜，放在温暖湿润的地方发酵 40 分钟左右。
3. 11 趁发面的时间把做馅的蔬菜全部洗净切碎，鸡蛋打散。
4. 12 锅中倒油，油热后倒入鸡蛋，炒熟后搅散成鸡蛋碎盛出。
5. 接着倒入切好的香菇碎，13 炒软后倒入宝宝酱油，炒匀盛出。
6. 14 把全部的蔬菜碎拌到一起，加入盐、香油调味。
7. 15 ~ 16 面发好后，用手指在面团中间戳一下。如果留有一个深深的洞，且不回缩就发好了。
8. 案板上撒一层干面粉，面团取出后揉几下，17 再把面团分成几块。
9. 取其中一块面团（其他的放到盆里用保鲜膜盖起来），先搓成一条，然后再切成大小如乒乓球一样的面剂子。
10. 18 ~ 19 撒一些薄面，把面剂子用手压平，用擀面杖擀成中间略厚的圆形包子皮。
11. 20 一手托着包子皮，另一只手将馅料放在正中。21 ~ 23 先捏起一个褶，接着左手一边转动包子皮，右手一边向前递进着捏褶，直到包子封口。
12. 蒸锅中倒入清水，将屉布浸湿后再拧干，铺在笼屉上。24 ~ 25 间隔地放入包子，然后盖上盖子，让包子在锅中继续发酵 15 分钟。
13. 26 开火。先用中火煮开水，上汽后蒸 12 分钟关火。不打开盖子，焖 5 分钟后，27 再打开盖子取出包子，这样包子不会回缩。

Let's go!
1
2
3
4
5
6
7
8
9
10
11
12
13
14
15
16
17
18
19
20
21
22
23
24
25
26
27

超级啰唆

这个包子适合1岁以上的宝宝吃。发面好消化，还可以让宝宝自己拿着吃。

发面用清水或者温水都可以。温水更好发一些，但是温度不要过高，手放进去微微感到有热度就可以了。

这个面的水和酵母的比例还适用于馒头、花卷或者其他发面制品。

如果是夏天，尤其是桑拿天，面团直接室温发酵就可以了。如果是其他季节，我们可以把面盆放到烤箱、微波炉之类的密封空间里，再往里面放一杯热水，增加温度和湿度，让面团更好地发酵。

检验面团是否发好的方法是用手在面团上戳一个洞，如果洞不回缩，就说明发好了。

面团要揉到光滑，面才能发得更好，所以你可以在案板上折叠着多揉几次。

擀皮的时候要一手拿着面片转动，一手前后移动擀面杖，双手配合擀出圆形、中间厚两边薄的饼皮，新手妈妈多练习就能掌握技巧了。

包子皮不要擀得太薄，有一定厚度的面皮才能发起来，也更好看。

调素馅时，炒完鸡蛋后剩下的油可以用来煸炒香菇，然后趁热倒入生抽炒匀，能让素馅更香，有肉味儿。

馅料的搭配只是个参考，妈妈们可以根据孩子的喜好自行搭配。

辅食

清炒空心菜

12 个月 -2 岁

用料

- 空心菜 1 小把

调料

- 宝宝酱油或盐一点点

做法

1. 1 ~ 2 空心菜洗净后去掉老根，切成大约 3 厘米长的段。
2. 锅内倒一点点油，3 油温热后放入空心菜。
3. 翻炒到空心菜变软后，加入一点点盐或宝宝酱油即可。

Let's go!

1

2

3

超级罗嗦

♡ 这道菜适合 1 岁以上的宝宝吃。除了空心菜，其他叶菜也可以这么做。

♡ 空心菜的杆比较硬，孩子不好嚼，所以给宝宝做的空心菜只保留靠近叶子的部分和菜叶就行。

♡ 等孩子再大一点儿，可以加一些蒜蓉一起炒。

超级啰嗦

用蔬菜汤给宝宝煮面，既有营养味道又好，而且给小宝宝吃的时候不加调味料也不会显得很寡淡。

这个拌饭料是我买的成品，一个日本的牌子，里面都是纯天然的小鱼、海苔粉末之类，也有一点盐。一岁以上的宝宝吃面、饭或者粥的时候可以放一点儿，这样会很鲜，宝宝会很爱吃。

如果没有拌饭料的话也可以不放，加一点点宝宝酱油就可以了，一岁以下的宝宝则什么都不用加。

如果你家有虾皮或者海苔，可以自己磨成粉给宝宝放一点儿到面里，或者加点坚果粉、鱼松、肉松，都会很好吃。

辅食

蔬菜汤鸡蛋小面条

12个月–2岁

用料

- 蔬菜汤1碗
- 鸡蛋1个
- 小面条1小把
- 油菜2棵

调料

- 拌饭料1小袋

做法

1 ❶油菜洗净切碎，鸡蛋打散备用。

2 蔬菜汤放入锅中，❷烧开后撒入掰碎的宝宝面条，转小火煮大约3分钟。

3 ❸放入切好的油菜碎，❹轻轻倒入鸡蛋液，搅拌均匀后再煮2分钟。

4 ❺关火，撒入宝宝拌饭料搅匀即可。

超级啰唆

♡ 宝宝8个月以后就可以吃软烂的面条了。宝宝月龄越小，就要把面条掰得越碎，或者直接煮小粒面，出锅之后再用研磨碗压一下。

♡ 给小月龄的宝宝做这道菜，需要把油菜切得非常碎，而且最好只用蛋黄，等宝宝再长大一些再吃蛋白，防止过敏。

♡ 蛋花要打得碎一点儿，避免有大块的鸡蛋。倒蛋液的时候要慢一点儿，倒得薄一点儿，边倒边快速搅匀，这样蛋花就会很碎了。

♡ 除了蔬菜汤，给宝宝炖的鸡汤、骨汤也可以用，你还可以加其他菜叶、肉末，妈妈们可以根据自己宝宝的情况变换。

辅食

酸奶小蛋糕

12 个月 -2 岁

用料

- 酸奶 50 克
- 核桃油 25 克
- 鸡蛋 2 个
- 低筋面粉 25 克
- 玉米淀粉 10 克
- 细砂糖 25 克

做法

1 蛋黄和蛋白分开，蛋黄中分两次加入核桃油，每加入一次，就要搅拌均匀后再加下一次。1 全部搅匀之后加入酸奶搅匀。

2 2 ~ 3 低筋面粉和玉米淀粉混合后，过筛到蛋黄糊中，用刮刀翻拌均匀。

3 4 蛋白用电动打蛋器打出大泡后，分 3 次加入细砂糖，5 打发到提起打蛋头，蛋白能形成一个直立不下垂的小尖角。

4 6 将蛋黄糊和 1/2 的蛋白糊混合，从底往上快速翻拌均匀（不要划圈以免消泡），7 再继续加入另外 1/2 蛋白糊拌匀。此时烤箱预热 160 度。

5 8 用小勺把蛋糕面糊盛入模具中，放入烤箱中层，160 度烤 15 分钟即可。

超级罗唆

这个酸奶蛋糕口感湿润绵软，不含油，糖的量也不多，很适合做 1 岁以上宝宝的健康零食，但是也不要多吃哦！

我用的模具是直径约为 2.5 厘米的小硅胶模，这个分量大概能做 15 个小蛋糕。如果你家的模具比较大，就要相应地增加烤制的时间。

蛋白最好打发到提起打蛋器时，能形成一个直立不下垂的小尖角。但用小模具做，对蛋白打发的要求也不那么高，新手妈妈们不用担心，稍稍差一点儿也没事。

混合蛋白和蛋黄糊时要用橡皮刮刀从下到上翻拌，速度一定要快，以免蛋白消泡。

超级啰唆

♡ 这道娃娃菜虾滑汤适合 1 岁半以上的宝宝。如果给 1 岁半以下的宝宝做不放盐的，可以把颗粒做得再小一点儿，妈妈们可以根据宝宝的情况调整。

♡ 给虾去虾线的时候可以用牙签在虾背第三节的位置挑一下，一般都能挑出一整根。

♡ 这个虾滑的做法也适用于大人。你可以在做虾泥的时候留一部分虾不打成泥，而是切成小粒，和虾泥混合，口感会更好。

♡ 娃娃菜取嫩叶部分撕成小块，我觉得比切的口感要好，甜甜的很好喝。

♡ 虾泥一定要沿着一个方向充分搅打上劲，做出的虾滑才好吃。

辅食

娃娃菜虾滑汤

12 个月 –2 岁

用料

- ○ 娃娃菜 3 片
- ○ 鲜虾 300 克
- ○ 蛋清半个
- ○ 葱姜水少许

调料

- ○ 盐 1 克

做法

1 **1** 鲜虾洗净后剥去虾壳，去掉虾线，然后切成小块。

2 **2** 葱姜水用滤网过滤一下加到虾肉中，**3** 然后放入料理机，搅打成虾肉泥。

3 **4** 在打好的虾肉泥中加入蛋清和盐，**5** 用筷子朝一个方向搅拌上劲，搅拌到虾肉变黏稠，筷子感觉有阻力。

4 **6** 搅拌好的虾肉泥装入裱花袋或者保鲜袋中。

5 锅内烧水，水开后放入撕成小块的娃娃菜叶 . 水再次烧开后，裱花袋剪小口，**7** 把虾滑挤到锅中。

6 全部挤完后搅匀煮 1 分钟，虾滑变色即可。

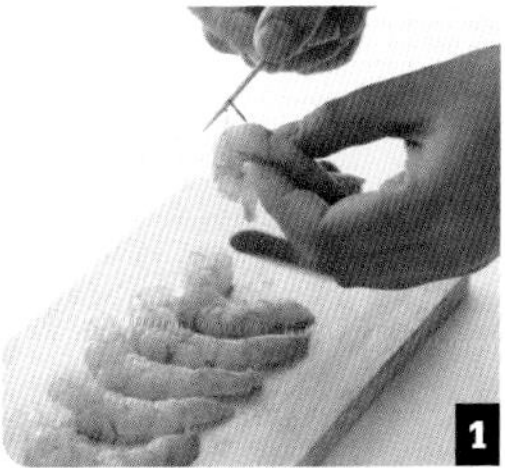

4

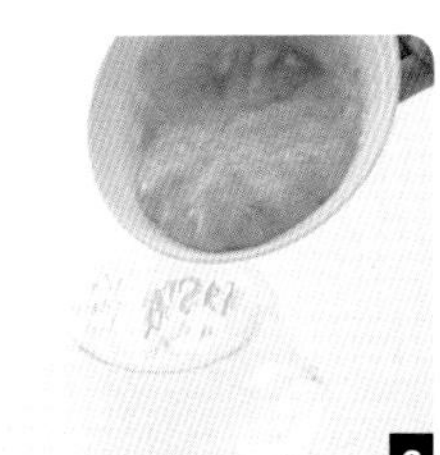

辅食

五彩奶酪饭团

12个月-2岁

用料

- 熟软米饭1小碗
- 胡萝卜、青豆、玉米粒1碗
- 虾仁5只
- 奶酪1片

做法

1 **1** 胡萝卜、青豆、玉米粒放入水中，焯烫2分钟后捞出沥干。

2 **2** 平底锅中倒入少许油，放入虾仁，小火两面煎熟。

3 **3** 煎好的虾仁和焯熟的蔬菜分别切成小块，奶酪也切成小块备用。

4 **4** 将虾肉和蔬菜粒混合到米饭中拌匀。**5** 取一部分米饭，在手中拍成圆饼状，中间放一块奶酪丁，然后团成饭团就可以了。

5 做好的饭团可以直接吃，也可以撒上一些芝麻碎或者海苔碎。

Let's go!

1

2

3

4

5

这个饭团适合1岁以上的宝宝吃，直接吃或者撒一些海苔碎、芝麻碎，味道都很好。

虾仁最好买鲜虾自己剥虾仁，用油煎味道更香，但是不要煎得太老。

饭团里的蔬菜还可以变换品种，根据宝宝的喜好来定吧。

因为饭团里的奶酪有咸味，所以米饭不需要再调味了。

超级罗嗦

这道菜适合1岁以上的宝宝，而且蔬菜种类多，营养、色彩也很丰富，宝宝们都很喜欢。

猪肉馅可以换成鸡肉或牛肉陷，不喜欢也可以不放。如果怕腥，可以加一点点葱姜末一起炒。

蔬菜处理的大小根据宝宝的月龄来决定，大一点儿的宝宝可以不用处理得这么碎。

辅食

五彩什锦炒豆腐

12 个月 -2 岁

用料

- 豆腐 100 克
- 豌豆、玉米粒 50 克
- 胡萝卜小半根
- 肉馅 20 克
- 香菇 1 朵
- 西蓝花 1 朵

调料

- 盐一点点

做法

1 【1】豌豆、玉米、胡萝卜、香菇、西蓝花洗净，切成碎末。

2 【2】豆腐洗净用勺子压碎。

3 【3】锅内热油，油温七成热时放入肉馅儿炒散，【4】炒到肉馅变色后加入蔬菜碎，炒匀后加一点点水焖 2 分钟。

4 【5】加入豆腐，翻炒均匀后加一点点盐就可以出锅了。

辅食

西红柿炒西葫芦丝

12 个月 -2 岁

用料

- 西红柿 1 个
- 西葫芦 1 个

调料

- 盐一点点

做法

1. **1** 西红柿洗净后带皮切成块，西葫芦洗净后带皮切成丝。

2. **2** 锅内倒一点点儿油，把西红柿和西葫芦一起放入锅中翻炒，**3** 炒到西红柿出汤，撒点儿海盐就可以出锅了。

超级罗嗦

♡ 这道西红柿炒西葫芦丝，适合1岁以上的宝宝吃，妈妈们可以根据孩子的月龄决定西葫芦丝的大小。肉包儿和他的小伙伴们都特爱这道菜，又简单又好吃。

♡ 小宝宝的饭不能加太多调味品。如果宝宝喜欢西红柿的味道，我们可以用西红柿来调节口味，这样即使只放一点点盐，味道也很不错。

♡ 西红柿不用去皮直接切块，炒到西红柿变软后，拿筷子直接把西红柿皮挑出来就行。宝宝不挑嘴儿的话，不挑也OK。

♡ 西红柿尽量选择熟透的，红一点儿的。西葫芦选嫩一点儿的，带皮切丝就可以。

超级啰嗦

这道菜适合 15 个月以上的宝宝。颗粒切得小一点儿，拌饭或者拌面条都很好吃。

如果是小宝宝吃，可以切小碎末，不放盐和酱油，味道也很好。

除了猪里脊肉，你也可以放鸡肉或者嫩点儿的牛肉。

把食材切得大一些也可以做大人的菜，味道不错，还很下饭，你也可以试试哦！

辅食

西红柿土豆茄子炒肉丁

12个月—2岁

用料

- 西红柿 1 个
- 土豆半个
- 茄子 1 根
- 猪里脊肉 50 克

调料

- 宝宝酱油一点点

做法

1 里脊肉洗净后切成小粒，1 加入一点点料酒腌制一下。

2 2 土豆削皮，西红柿、茄子洗净，切成大小差不多的小丁。

3 3 锅内放一点点油，放入里脊肉滑散，炒到变色后盛出。

4 炒锅洗净，再加一点点油，放入西红柿炒出汁，加入茄子和土豆，4 再加少许水（和菜量齐平），改小火炖煮一会儿。

5 煮到土豆绵软时，5 加入里脊肉丁，放入一点点盐和儿童酱油，搅匀即可出锅。

辅食

西红柿土豆小面片

12个月–2岁

用料

- 西红柿1个
- 土豆半个
- 娃娃菜2片
- 葱1小段
- 面粉100克
- 水50克

做法

1 面粉加水和成面团，[1]蒙上保鲜膜饧半小时。

2 [2]西红柿、土豆、娃娃菜分别切成小块，葱切末。

3 锅内倒一点点油，放入葱末，[3]炒出香味后放入西红柿，[4]炒出红油后加入土豆和娃娃菜。

4 翻炒几下后加水，大火煮开后转中火煮5分钟。

5 [5]案板撒上一层薄面，把饧好的面团按扁，擀薄。

6 [6]～[7]切成条之后，拿起一根抻一抻，[8]然后揪成小小薄薄的面片，煮到汤锅中。

7 全部揪好后，继续煮3分钟即可。

1

2

3

4

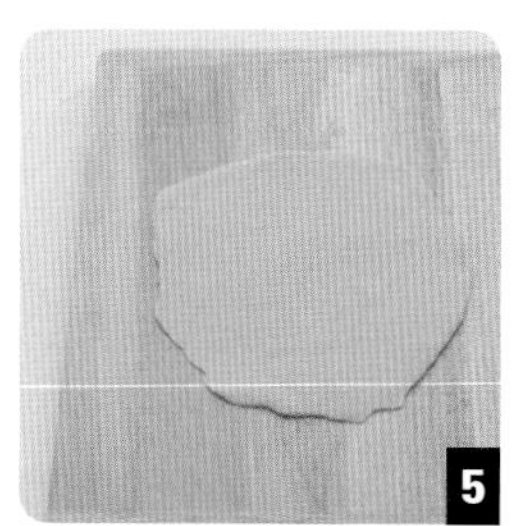
5

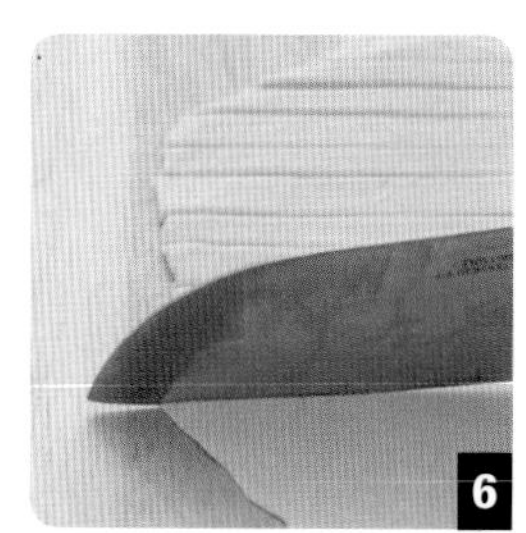
6

7

8

超级
啰嗦

这个小面片适合1岁以上的宝宝。你可以在出锅之后加一点点盐和香油。

和面可以直接用清水，也可以用蔬菜汁把面和成彩色的面团。饧面的步骤最好不要省略，不然不好揪，口感也硬。

面团饧好之后要擀得薄一点儿，揪的时候先抻一抻，然后尽量揪小，这样更好消化。

西红柿要多炒一会儿，炒出汤来才更好吃。

超级啰唆

这个饭适合一岁以上的宝宝吃，但是如果不放盐，米饭再煮软一点儿，11个月的宝宝也可以吃，妈妈们可以根据宝宝的咀嚼和消化能力进行调整。

西红柿可以用削皮刀去皮，也可以划个十字口，用开水烫一下去皮。

西红柿要选择熟透的，切的块别太大，要炒出汤来再甩鸡蛋，如果感觉有点干，也可以放一点点水。

西葫芦擦丝或者切丝都行，但是要处理得细一点儿。

辅食

西葫芦番茄鸡蛋饭

12个月-2岁

用料

- 西红柿 1个
- 西葫芦 1小段
- 鸡蛋 1个
- 软米饭 1小碗

调料

- 盐一点点

做法

1 [1]西葫芦洗净擦成细丝，[2]西红柿洗净去皮切小丁，[3]鸡蛋打散备用。

2 锅里放一点点油，[4]放入西葫芦丝炒软，[5]再放入西红柿炒到西红柿成泥出汤。

3 [6]沿锅边淋入打散的蛋液，搅匀后加一点点盐。

4 [7]倒入熟的软米饭，搅匀就可以了。

辅食

西葫芦牛肉小馅饼

12 个月 -2 岁

用料

- ○ 西葫芦 1 根
- ○ 牛肉馅 50 克
- ○ 葱 1 小段
- ○ 姜 1 小块
- ○ 面粉 200 克
- ○ 水 130 克

调料

- ○ 宝宝酱油一点点
- ○ 香油一点点

做法

1 【1】在盛面粉的容器中，分次倒入温水，【2】边加水边用筷子搅拌，待面粉呈碎片雪花状后，【3】用手揉成光滑的面团，【4】盖上保鲜膜，放在室内饧 30 分钟。

2 【5】西葫芦擦成细丝，葱姜切碎末。

3 【6】肉馅中加入葱姜、西葫芦、一点点宝宝酱油和香油拌匀。

4 手上蘸一些干面粉，【7】把饧好的面从盆中取出，放到撒好薄面的案板上，搓成条形，【8】然后切成大小一致的小剂子。

5 【9】把剂子压扁，像擀饺子皮一样擀圆，【10】在中间放一勺馅，【11】～【12】用手拎起边缘的皮，一点儿一点儿地折在一起（和包包子手法一致，一边捏一边转面皮），【13】最后在中间捏个小揪揪，就包好了。

6 包好后小揪揪朝下放到案板上，【14】用擀面杖或手轻轻按压一下馅饼（别太使劲儿，按扁就可以了）。

7 【15】～【16】平底锅烧热后刷一层油，放入馅饼，【17】小火烙至两面金黄即可。

超级罗唆

♡ 这个馅饼适合1岁以上的宝宝吃，但是也要根据孩子的咀嚼能力来判断，如果你怕烙的饼太硬孩子不好咬，可以推迟到1岁半之后再做给宝宝吃。吃之前也要处理成适合宝宝入口的大小。

♡ 做馅饼的面要和得尽量软一点儿，而且和好的面要饧面，烙出的馅饼才柔软好吃。

♡ 西葫芦很嫩，直接擦成很细的丝就能用，很方便。如果你家的擦子比较粗，还是可以稍稍剁一下，免得宝宝不好咬。

♡ 你也可以把牛肉换成猪肉、鸡肉或者羊肉。

♡ 给宝宝拌馅调料比较简单，一般我只用一点葱姜，加点儿酱油和香油，但都比大人的量要小。宝宝的味觉很敏感，不要用大人的口味来判断孩子的哦。

♡ 烙饼时，可以在一面微微上色后往锅里淋几滴水，盖上锅盖焖一下，这样能让烙饼的饼皮不那么干硬，馅料也更容易熟。

超级啰唆

这个馄饨适合 1 岁以上的宝宝。你可以一次多包一些冻起来，下次用就方便多了。

虾仁用现剥的鲜虾比较好。肉馅还可以换成其他肉类，或者加一些菜一起拌馅也很好，妈妈们可以随意发挥。

可以用鸡汤来煮馄饨，味道更好。

搭配一些小白菜、油菜等，营养会更全面。出锅后可以加一些紫菜和虾皮在碗里，虾皮要买不咸的淡盐虾皮，用之前最好再洗洗。

馄饨皮要尽量擀薄，皮太厚了口感不好。

辅食

鲜虾小馄饨

12个月-2岁

用料

- 面粉 200 克
- 水 100 克
- 肉馅 50 克
- 鲜虾仁 50 克
- 葱姜各 1 小块
- 虾皮 3 克
- 小白菜几根

调料

- 盐一点点
- 生抽一点点
- 香油一点点

做法

1. 面粉中分次加入水，边加水边用筷子搅拌。待面粉呈碎片雪花状后，用手揉成光滑的面团，盖上保鲜膜，放在室内饧 20 分钟。

2. 虾剁成虾泥，葱姜切末，1 加入到肉馅中，再加入盐、生抽、香油拌匀。

3. 撒些面粉在案板上防沾，2 把面团擀成薄片。3 当擀成一个很大的圆片时，在面片上撒上一层薄薄的面粉，用擀面杖卷起面片，两手轻轻压着擀面杖来回擀，将面皮擀得更大更薄。

4. 用擀面杖卷起面皮，4 在擀面杖上切一刀，将面皮从中间切开向两边散落，5 ~ 6 将长条形的面片切成梯形，馄饨皮就做好了。

5. 7 ~ 10 取一片馄饨皮，将馅儿放在面片短的一侧卷起来，用手捏住两头向外折，然后捏紧即可。

6. 锅内加水，水开后放入馄饨，11 煮 1 分钟后加入切小块的小白菜，煮到馄饨浮起就可以了。

7. 吃的时候可以在碗里加一些虾皮和紫菜。

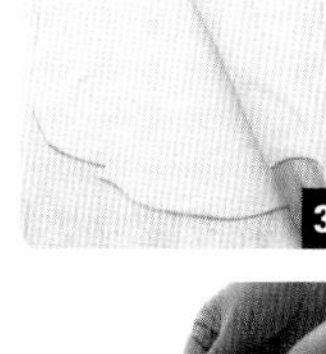

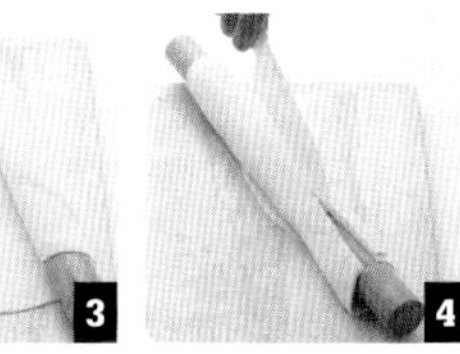

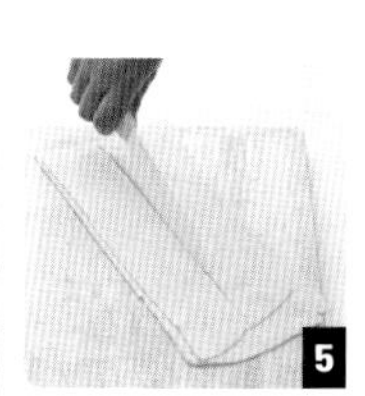

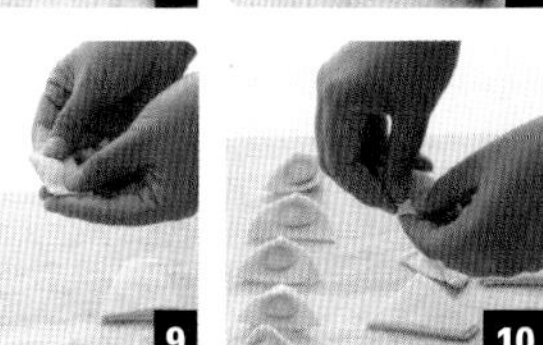

辅食

香菇炒荷兰豆丝

12 个月 -2 岁

用料

- 香菇 3 朵
- 荷兰豆 1 小把

调料

- 儿童酱油一点点

做法

1 荷兰豆去筋洗净，香菇洗净。

2 1 荷兰豆和香菇分别切丝。

3 锅内放一点点油，2 先倒入香菇丝，炒到香菇丝变软后，放入荷兰豆丝翻炒至荷兰豆变软变色。

4 3 倒入一点点儿童酱油，翻炒均匀后即可出锅。

Let's go!

1

2

3

超级罗嗦

♡这道菜适合1岁半以上，有一定咀嚼能力的宝宝。但是注意丝儿要切得细一点儿，炒的时候可以比大人的菜多炒一会儿，充分炒熟炒软之后再给宝宝吃。

♡香菇在洗的时候可以把有褶的一面冲下，在水中浸泡一会儿，有助于香菇中的杂质下沉，洗得更干净。

♡给宝宝炒菜时油不用太多，炒的时候火别开太大，多炒一会儿，软一些更好消化。炒的时候如果太干，可以加一点点水。

超级啰嗦

这个小饺子适合1岁以上的宝宝。给孩子做可以做得小巧一点儿，一次多做一些放冰箱，下次用就方便多了。

妈妈们可以自行调整馅料，但是最好不要全肉馅儿，搭配一些绿叶菜，营养更均衡，对宝宝便便也有好处哦。

和面的水可以换成蔬菜汁，颜色更好看。

辅食

小白菜鲜虾猪肉小饺子

12个月-2岁

用料

- 面粉 200 克
- 水 100 克
- 肉馅 50 克
- 鲜虾 6 只
- 葱姜各 1 小块
- 小白菜 150 克

调料

- 盐一点点
- 生抽一点点
- 香油一点点

做法

1 1 ~ 2 面粉中分次加入水，边加水边用筷子搅拌。待面粉呈碎片雪花状后，3 用手揉成光滑的面团，4 盖上保鲜膜，放在室内饧半小时。

2 5 鲜虾剥壳，剁成虾蓉。小白菜洗净后切碎，葱姜切碎末，一起加入到肉馅中，6 再加入生抽、盐、香油拌匀。

3 案板上撒薄面，取一块面搓成直径大约 2cm 的长条，7 用刀切成大小均匀的剂子。

4 切好的剂子上再撒一些薄面，8 按扁。9 左手拿面片，右手前后滚动擀面杖，一边擀一边转动面皮，直到擀出一张中间厚、两边薄的饺子皮。

5 10 中间放上拌好的馅，11 先捏住中间，12 ~ 13 再把两边依次捏紧。

6 全部包好后留出当天宝宝吃的量，剩下的冷冻起来就可以了。

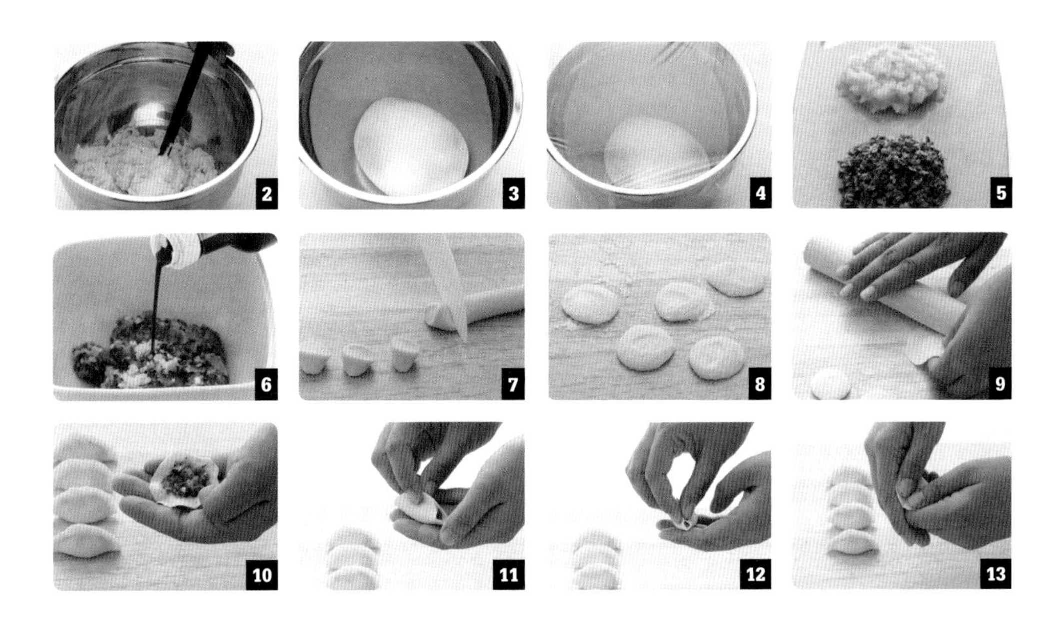

辅食

小花卷

12 个月 –2 岁

用料

- 发面 1 块
- 芝麻酱 10 克
- 葱花随意

调料

- 椒盐随意

做法

1 取发好的发面一块（发面的做法参考 108 页“什锦素包”）。

2 案板上撒薄面，面团反复揉几次，按扁，擀成约 3mm 厚的大片。

3 1 用刷子在面片上薄薄地刷一层植物油，2 再均匀地撒上椒盐或葱花。

4 3 从下往上将面片卷起来，4 切成 3cm 长的小段。

5 5 每两个小段摞在一起，6 中间按压一下。7 拿起两边，两手朝反方向拧，再向下捏到一起收口成为花卷。

6 蒸锅中倒入清水，将屉布浸湿后再拧干，铺在笼屉上。8 间隔地放入花卷，然后盖上盖子，让花卷在锅中继续发酵 15 分钟。

7 打开火，先用中火煮开水，上汽后蒸 12 分钟再关火，不打开盖子，焖 5 分钟后再打开。

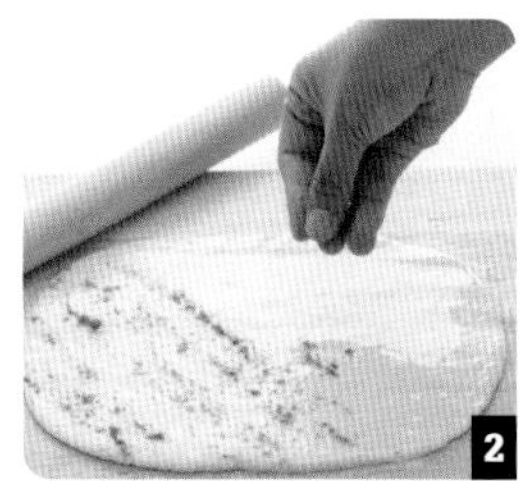

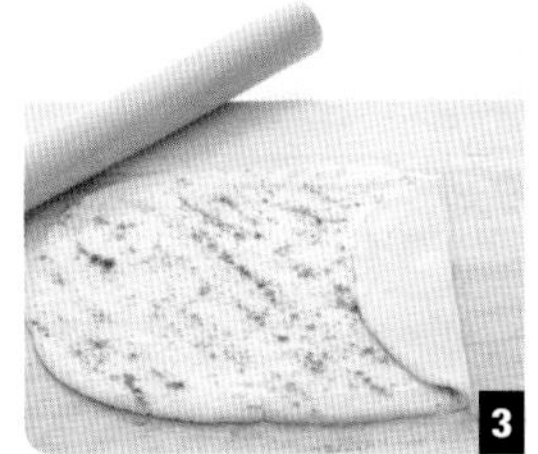

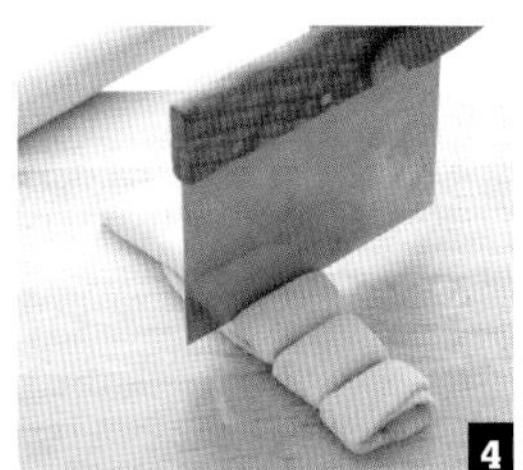

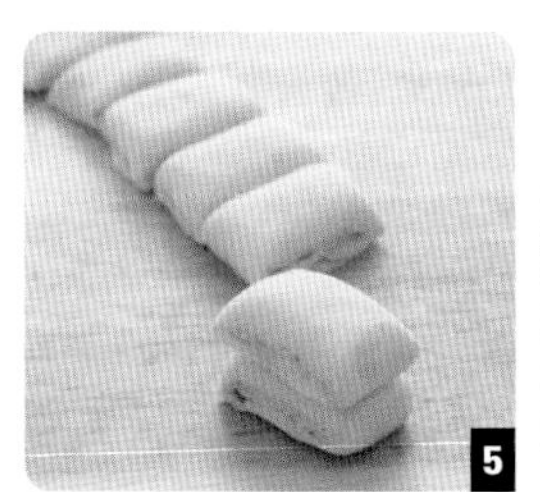

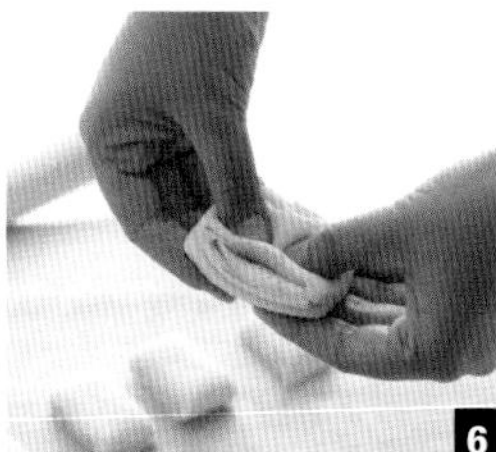

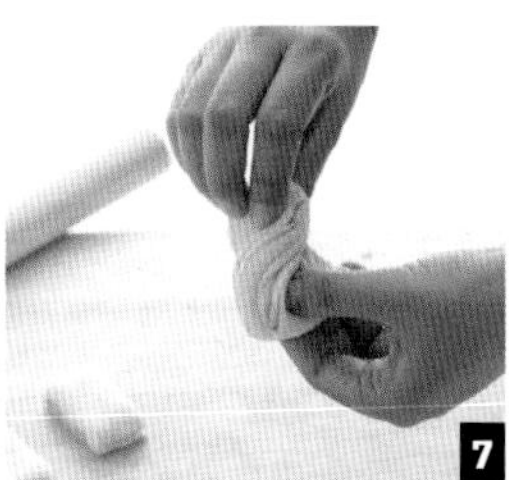

超级罗唆

♡这个花卷适合 1 岁以上的宝宝吃，做成椒盐、葱花、麻酱的都行，或者根据宝宝的喜好做成甜口儿的。

♡步骤图中展示的是椒盐花卷的做法，做葱花的步骤一样，如果做麻酱的，可以不抹油，直接把麻酱抹匀。

♡发面的步骤参考“什锦素包”里发面的过程。发好的面团在案板上多揉几次，蒸出的花卷更好吃。面片不要擀得太薄，有一定厚度才能发起来，口感才暄软。

♡花卷的二次醒发很重要，一定要醒发到位。蒸好后别急着开盖，焖 5 分钟效果更好。

超级啰唆

这个鳕鱼南瓜奶酪糊因为有奶酪，所以适合1岁以上的宝宝吃。1岁以下的宝宝可以不放奶酪，单吃南瓜鳕鱼糊或者拌在粥里也很好吃。

鳕鱼容易留有很细的小刺，所以妈妈们要洗干净手给宝宝碾一遍，保证没有鱼刺残留。

南瓜切小丁蒸熟后直接加奶酪碾就可以了，不用完全碾碎，因为是1岁以上的宝宝吃，所以有一些小的颗粒会更好吃。

1岁以上的宝宝可以适当吃一些奶酪，奶酪能给宝宝补钙哦。

辅食

鳕鱼南瓜奶酪糊

12 个月 -2 岁

用料

- ○ 鳕鱼 1 小块（约 20g）
- ○ 南瓜 1 小块（约 50g）
- ○ 宝宝三角奶酪 1 块

调料

- ○ 宝宝酱油一点点

做法

1 [1] 南瓜洗净去皮切成小丁，[2] ~ [3] 和鳕鱼一起放入蒸锅中，水开后蒸 10 分钟。

2 [4] 蒸好后戴隔热手套将南瓜和鳕鱼取出。

3 [5] 用手将鳕鱼肉碾碎。鳕鱼肉有很细的小刺，所以妈妈们要洗干净手碾一遍，保证吃的时候不会卡到宝宝。

4 [6] 奶酪块放入南瓜泥中，用勺子碾碎混合。

5 [7] 加入处理好的鳕鱼肉碎，拌匀就可以了。

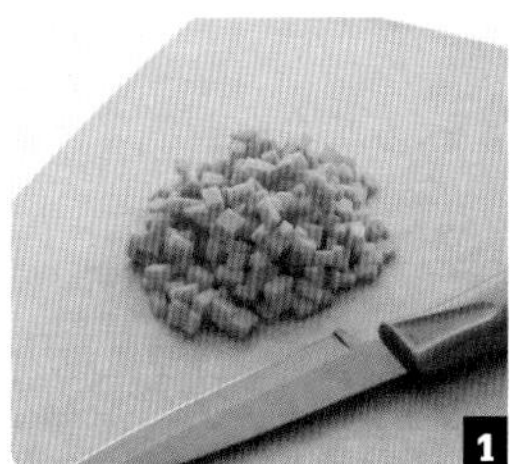

Part 5

宝宝的成长需要营养搭配

超级啰唆

炖鸡汤可以直接用整鸡炖，也可以拆分炖煮，就用刀沿着鸡的骨骼，把鸡腿、鸡翅、爪子、鸡胸、脖子这几大块分开就行了。剁的时候不要用蛮力，沿着骨骼用刀切就可以。

炖汤剩下的鸡肉、鸡胸肉可以做成鸡肉松，鸡腿肉可以去皮做成鸡肉泥或者直接撕成鸡肉碎。这些食材可以冷冻起来，下次做辅食的时候用。

如果用家里的普通锅炖鸡汤，步骤是一样的，水量最好一次加足，炖大概两个小时就可以了。

汤和饮料

鸡汤

用料

- 老母鸡 1 只
- 姜 3 片

做法

1 鸡洗净后，剁成几个大块。

2 **1** 锅内烧水，放入鸡块。**2** 水开后撇去浮沫，撇沫的时候要搅动一下，把下面的血沫也翻上来撇掉。

3 撇好沫的鸡块捞出来冲干净。锅胆洗净，**3** 重新加入能没过全部鸡块的水，再加入姜片。

4 **4** ~ **5** 盖上锅盖，按下“老柴鸡”键（2 个小时）。

5 等程序结束后打开锅盖，捞出鸡肉，剩下的鸡汤等凉一点儿的时候把油撇掉。留出宝宝当天要吃的量，其他的放小盒冷冻保存就可以了。

超级罗唆

给宝宝炖鸡汤最好选择柴鸡。品质好的柴鸡在焯烫的时候没什么腥味，炖的时候也只需要放几片姜就可以了，炖出的汤很鲜美。

炖出的黄黄的鸡油不要给宝宝吃，但是也千万不要扔掉哦。烙饼的时候把撇出来的鸡油抹在饼坯里，再加点盐和葱花会非常好吃。

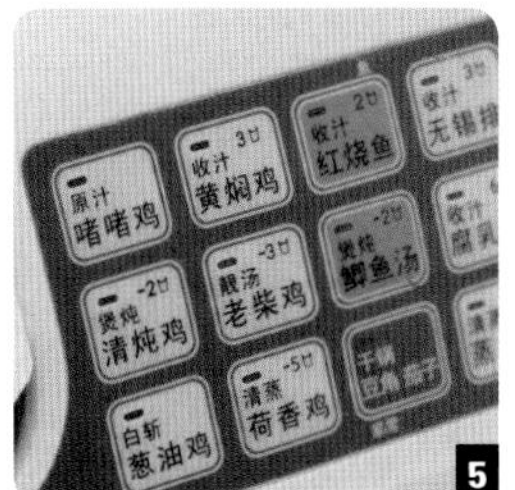

汤和饮料

莲藕瘦肉汤

用料

- 莲藕 1 节
- 猪里脊肉 100g
- 姜 3 片

做法

1 **1** 莲藕去皮切块，猪里脊肉洗净切 1cm 见方的小块。

2 锅内放水，把里脊肉块放入水中，**2** 大火煮开后用勺子撇去浮沫。

3 **3** 加入莲藕块和姜片，转小火炖煮大约 1 个小时。

4 煮好后过滤一下，晾到温热就可以给宝宝喝了。

超级啰唆

♡ 这道莲藕瘦肉汤适合 8 个月以上，已经单独食用过莲藕和猪里脊肉，没有过敏的宝宝。

♡ 这道汤有点甜丝丝的，小宝宝都特别爱喝。你可以让宝宝直接喝，也可以用它来煮小面条，把喝不完的汤冷冻，下次拿出一两块解冻就可以用了。冷冻的汤底最好在两周之内吃完。

超级
啰嗦

汤里剩下的莲藕和瘦肉爸爸妈妈可以吃，也可以用料理机处理成莲藕泥和肉泥，给宝宝做辅食的时候添加进去。还可以撕碎了加一点儿酱油、盐、芝麻炒干，用料理机一起打，就成了好吃的肉松了，一岁以上的宝宝可以用来配饭或者配粥哦。

给宝宝做这道汤不需要加盐和其他调料，放两片姜就可以了。

给肉去浮沫的时候一定要去得干净一些，这样做好的汤才不会腥。

超级啰唆

给宝宝煮面和粥的汤底，除了鸡汤、骨头汤之外，还可以是蔬菜汤。蔬菜汤的味道更清淡一点，用甜玉米和西红柿、芹菜等，能给蔬菜汤增添香气。

煮好的汤底可以用来给宝宝煮小面条或者蔬菜粥、米饭，留下一部分放在冰格或者其他小容器里冻起来，下次用着比较方便。冷冻的汤底最好在两周之内吃完。

洗菜的时候如果担心农药残留，可以用淡盐水浸泡30分钟后再洗，这样会比较干净。

除了甜玉米，汤底剩下的菜基本没什么味道了，可以吃，也可以扔掉。